CÓMO UTILIZAR WHATSAPP

¡TU GUÍA DEFINITIVA PARA TODO WHATSAPP!

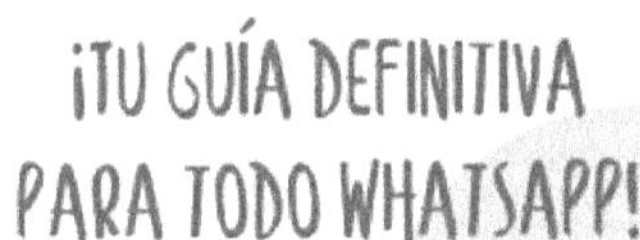

VANSHDEEP SINGH MADAN

TABLA DE CONTENIDO

Actualizaciones de estado de silencio

¿Cómo veo quiénes han visto mi estado de WhatsApp?

WhatsApp Web

Envíe fotos, videos, documentos y contactos:

use emojis, GIF y calcomanías: responda, reenvíe, destaque y elimine

mensajes:

busque mensajes:

actualizaciones de estado:

cambie la configuración de notificación:

contactos bloqueados:

PROCESO DE INSTALACIÓN

¿CÓMO CONSIGO WHATSAPP EN MI TELÉFONO?

WhatsApp no viene preinstalado en su teléfono, por lo que lo primero que debe hacer es instalarlo. Para hacer esto, debe encontrar la App Store (para iPhones) o Play Store (para teléfonos inteligentes Android). Estos son un mercado de aplicaciones que ayudan a mejorar su teléfono inteligente. Imagínese un centro comercial o un supermercado donde pueda comprar cualquier cosa, desde alimentos hasta productos electrónicos. El centro comercial en este caso es la App Store o Play Store y los productos que compras son las aplicaciones.

iPhone:
En su iPhone, busque el icono de App Store en su teléfono. No tiene que preocuparse por instalar la App Store, ya que está preinstalada en su teléfono. Una vez que haya encontrado el icono, haga clic en el icono para abrirlo. En la App Store, haga clic en el botón Buscar en la parte inferior de su pantalla con el logotipo de la lupa. Escriba WhatsApp y seleccione WhatsApp Messenger de la lista a continuación. Haga clic en el botón de descarga (una nube con una flecha apuntando hacia abajo). Es posible que se le pida que inicie sesión con su ID de Apple y ¡voila, WhatsApp se ha descargado e instalado en su iPhone! ¡Felicidades!

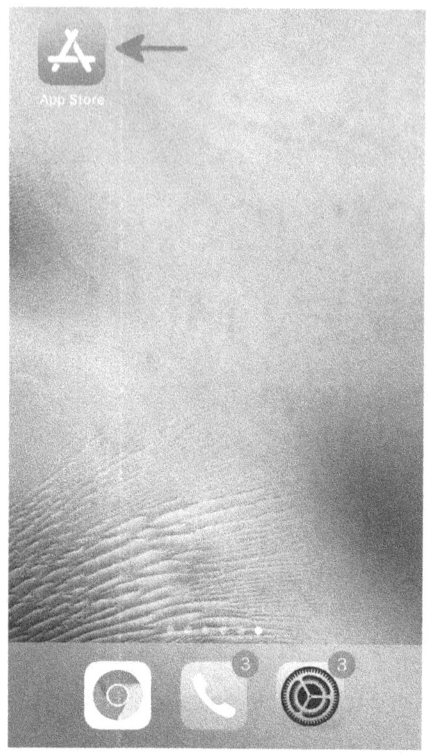

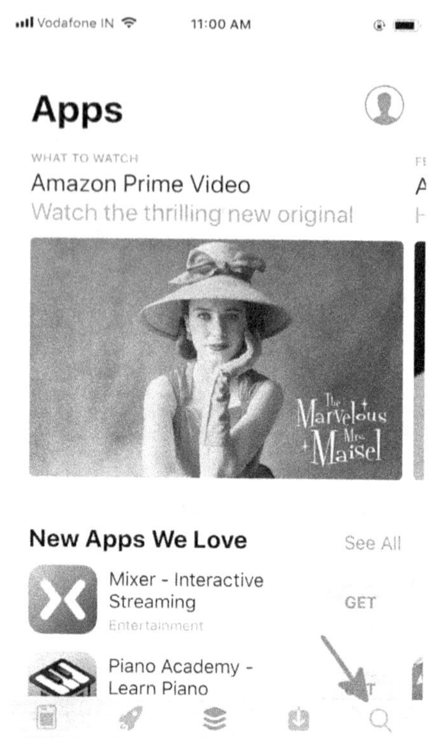
ıl Vodafone IN
11:00 AM
Apps
WHAT TO WATCH
Amazon Prime Video
Watch the thrilling new original
New Apps We Love
See All
Mixer - Interactive
Streaming
Entertainment
GET
Piano Academy -
Learn Piano
Today
Games
Apps
Updates
Search

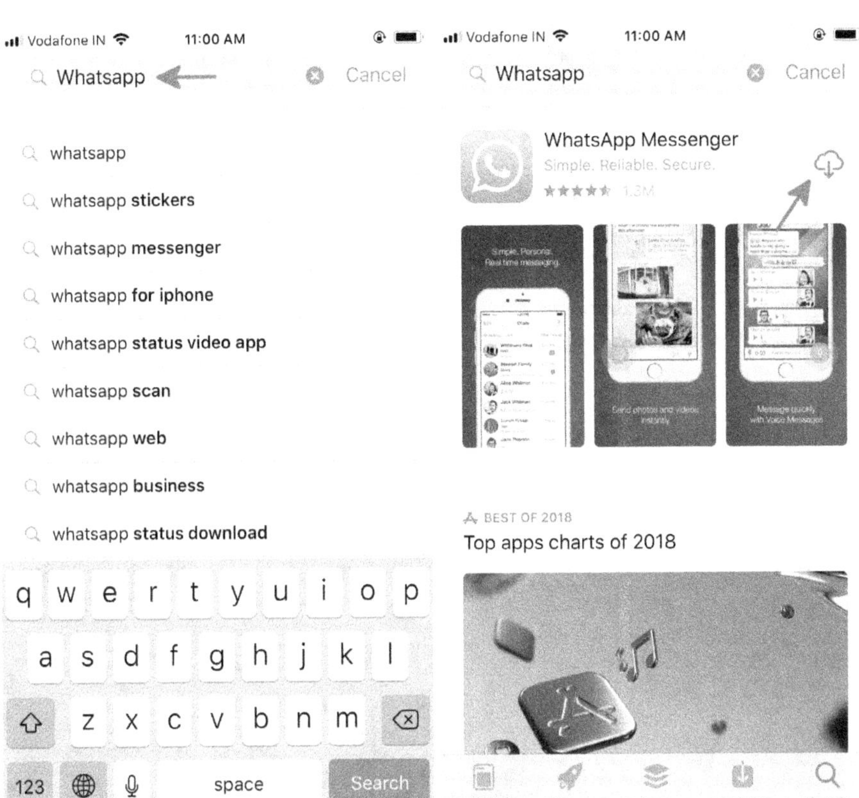

Android:

En su teléfono inteligente Android, busque la aplicación Play Store preinstalada en su teléfono. En la aplicación Play Store, haga clic en el cuadro Google Play en la parte superior de la pantalla para buscar una aplicación.

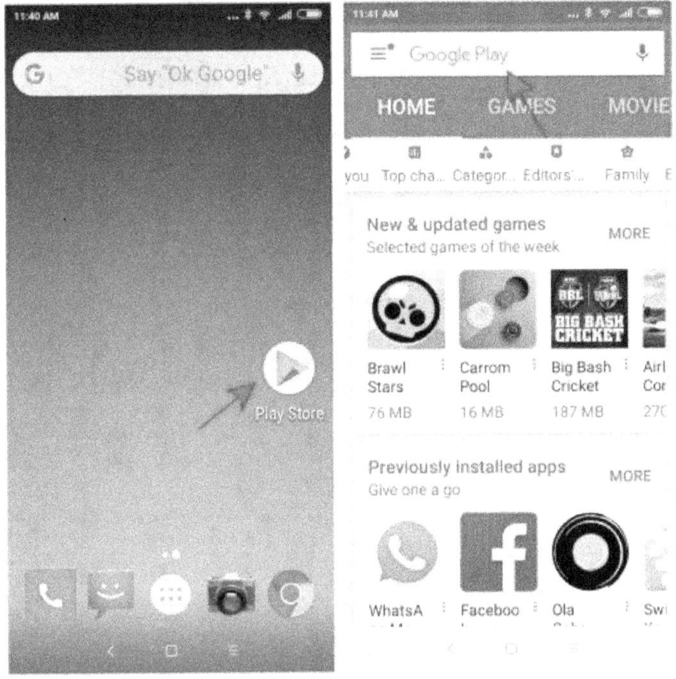

Escriba WhatsApp en el cuadro y seleccione WhatsApp Messenger como se muestra a continuación. Haga clic en el botón de instalación y el siguiente botón de aceptar y listo, ¡WhatsApp se ha descargado e instalado en su teléfono Android! ¡Felicidades!

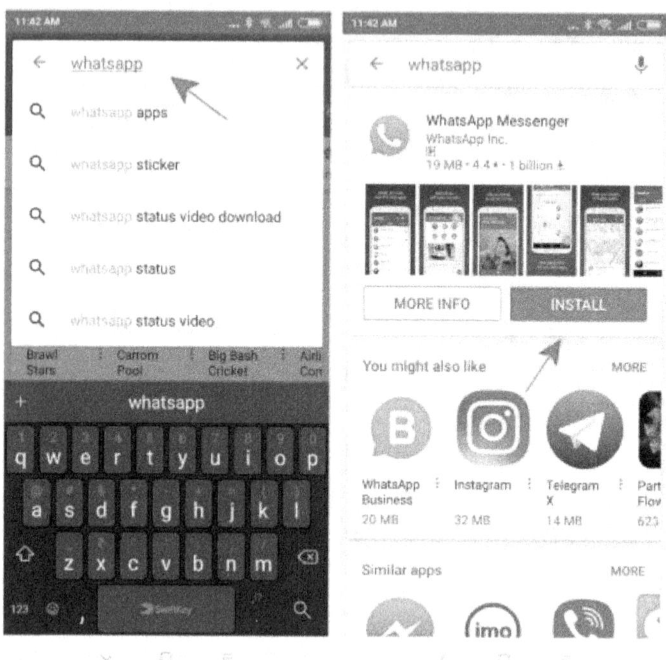

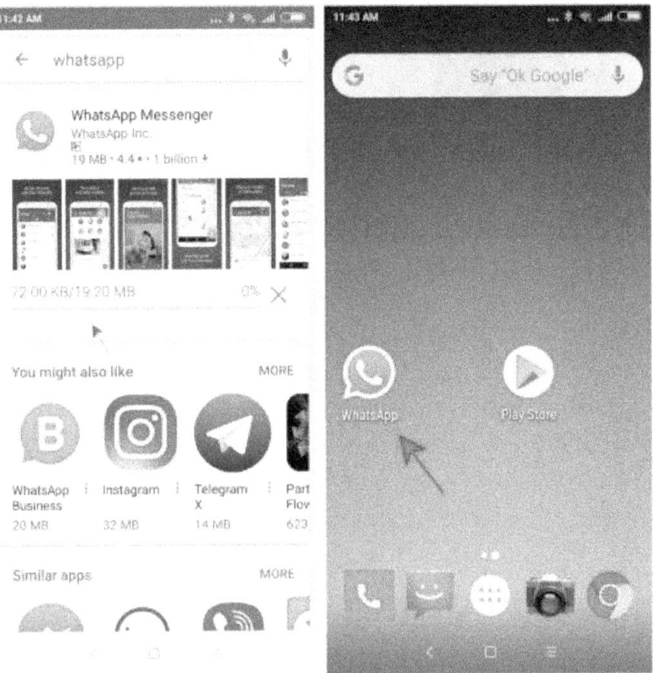
whatsapp
WhatsApp Messenger
WhatsApp Inc.
19 MB · 4.4 ★ · 1 billion
You might also like
WhatsApp Business
Instagram
Telegram X
20 MB
32 MB
14 MB
Similar apps
Say "Ok Google"
WhatsApp
Play Store

¡Uf! Ahora que instalé WhatsApp en mi teléfono, ¿puedo comenzar a enviar mensajes y llamar a mis amigos ahora?

¡Sostén tus caballos, amigo mío! Estamos a solo unos minutos de adentrarnos en el mundo de WhatsApp. Todo lo que tenemos que hacer ahora es configurar WhatsApp y estamos listos para comenzar. ¡Vamos a por ello!

CONFIGURACIÓN DE WHATSAPP

iPhone:

Busque la aplicación WhatsApp en su iPhone tal como encontró la aplicación App Store y haga clic en ella para iniciar el proceso de configuración.

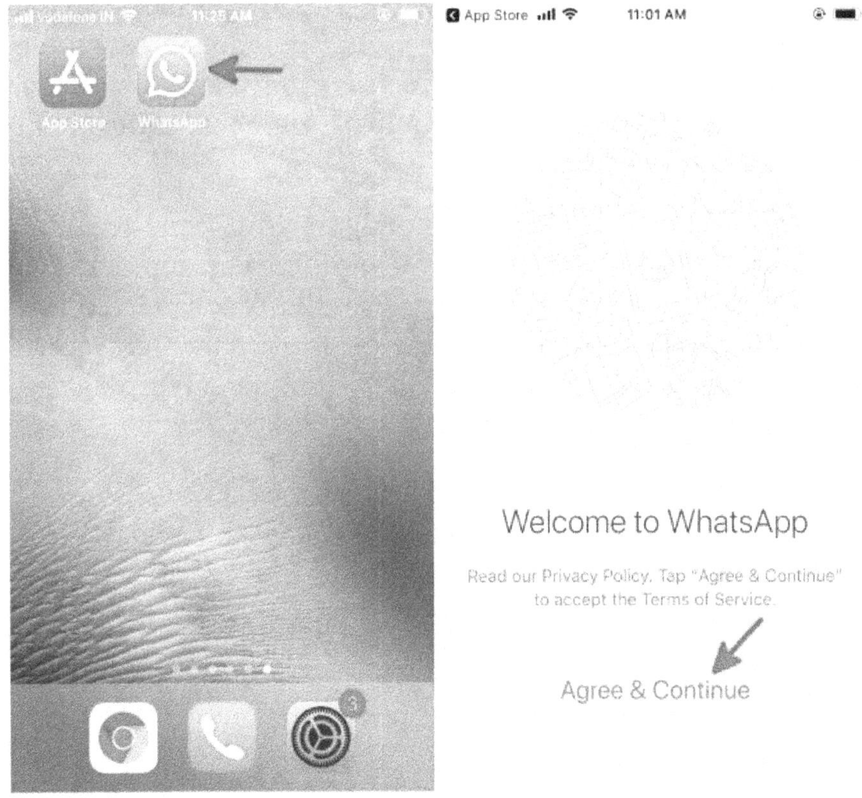

El primer paso de la configuración es ingresar su número de teléfono. Seleccione su país y escriba el número de teléfono en el cuadro. WhatsApp le pedirá permiso para enviarle un mensaje de texto para verificar el número de teléfono móvil que ingresó. Presione aceptar e ingrese el código de verificación que recibe por mensaje de texto en WhatsApp. Si no recibe el código, hay un botón en la página de verificación para reenviar el código. Una vez que ingrese el código, presione el botón Verificar.

¡Felicitaciones, ha verificado con éxito su número de teléfono y ha impedido que los piratas informáticos ingresen a sus valiosos mensajes!

* Paso adicional para las personas que reinstalan WhatsApp o lo instalan desde otro teléfono
. Puede restaurar sus mensajes, fotos y videos desde la última copia de seguridad que WhatsApp ha tomado. Seleccione el botón de restauración. Esta opción se le mostrará solo si tiene una copia de seguridad de WhatsApp previamente tomada y almacenada en su cuenta.

Ahora viene el último paso de la configuración. Tiene que seleccionar una imagen para mostrar y un nombre para mostrar. Esta es la imagen que verán sus amigos y familiares cuando conversen con usted. El nombre para mostrar se usa para identificarlo si la persona que chatea con usted no tiene su número de teléfono guardado en su teléfono.

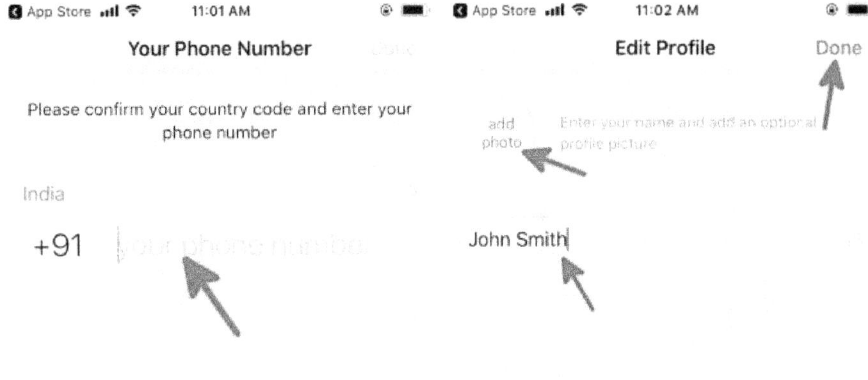
App Store
11:01 AM
Your Phone Number
Please confirm your country code and enter your
phone number
India
+91
your phone number
App Store
11:02 AM
Edit Profile
Done
add
photo
Enter your name and add an optional
profile picture
John Smith
1
2
ABC
3
DEF
4
GHI
5
JKL
6
MNO
7
PQRS
8
TUV
9
WXYZ
0
q w e r t y u i o p
a s d f g h j k l
z x c v b n m
123
space
Done

Android:

Busque la aplicación WhatsApp en su iPhone tal como encontró la aplicación App Store y haga clic en ella para iniciar el proceso de configuración.

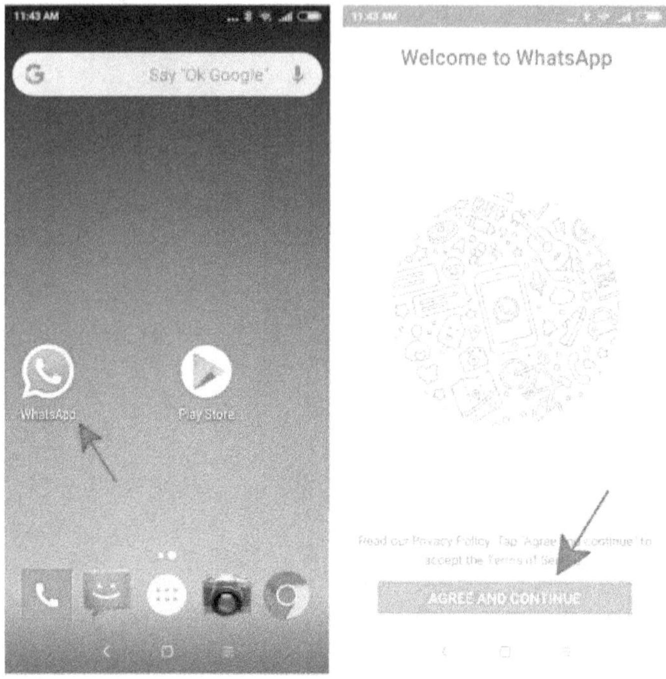

WhatsApp primero pedirá permiso para acceder a sus contactos, videos y fotos, lo que lo ayudará a agregar contactos y enviar fotos y videos fácilmente.

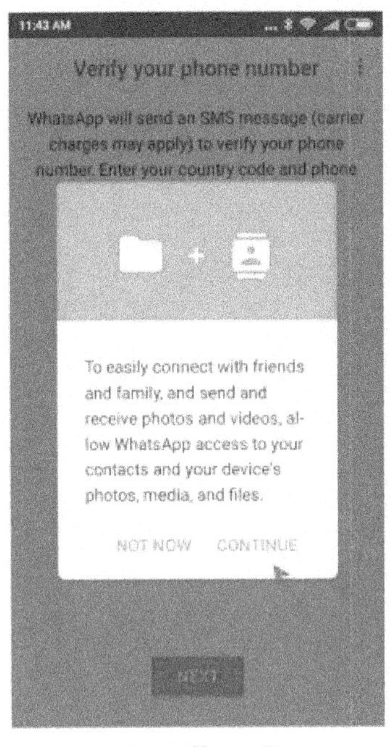

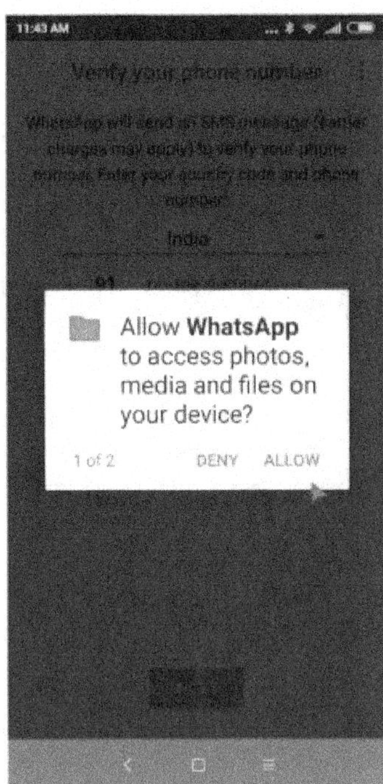

El primer paso de la configuración es ingresar su número de teléfono. Seleccione su país y escriba el número de teléfono en el cuadro. WhatsApp le pedirá permiso para enviarle un mensaje de texto para verificar el número de teléfono móvil que ingresó. Presione aceptar e ingrese el código de verificación que recibe por mensaje de texto en WhatsApp. Si no recibe el código, hay un botón en la página de verificación para reenviar el código. Una vez que ingrese el código, presione el botón Verificar.

Puede restaurar sus mensajes, fotos y videos desde la última copia de seguridad que tomó WhatsApp. Seleccione el botón de restauración. Esta opción se le mostrará solo si tiene una copia de seguridad de WhatsApp previamente tomada y almacenada en su cuenta.

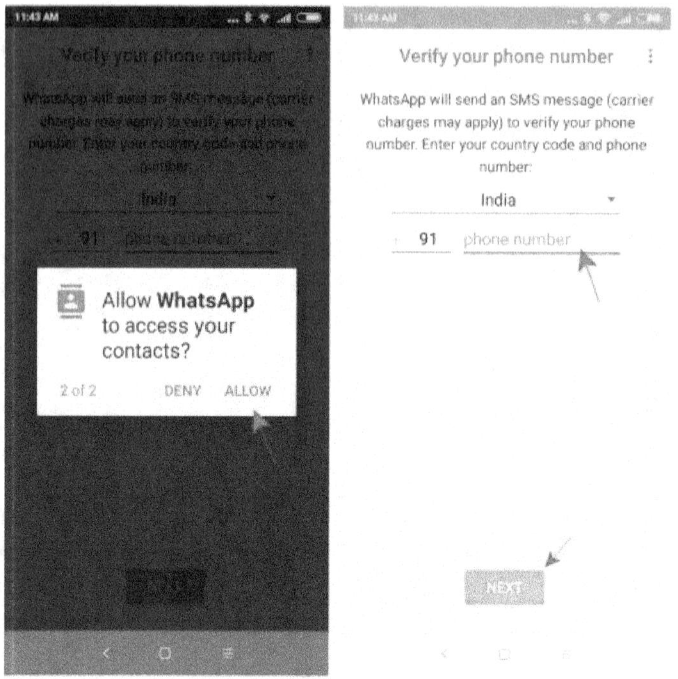
11:43 AM
Verify your phone number
WhatsApp will send an SMS message (carrier
charges may apply) to verify your phone
number. Enter your country code and phone
number:
India
91   phone number
Allow **WhatsApp**
to access your
contacts?
2 of 2   DENY   ALLOW
Verify your phone number
WhatsApp will send an SMS message (carrier
charges may apply) to verify your phone
number. Enter your country code and phone
number:
India
91   phone number
NEXT

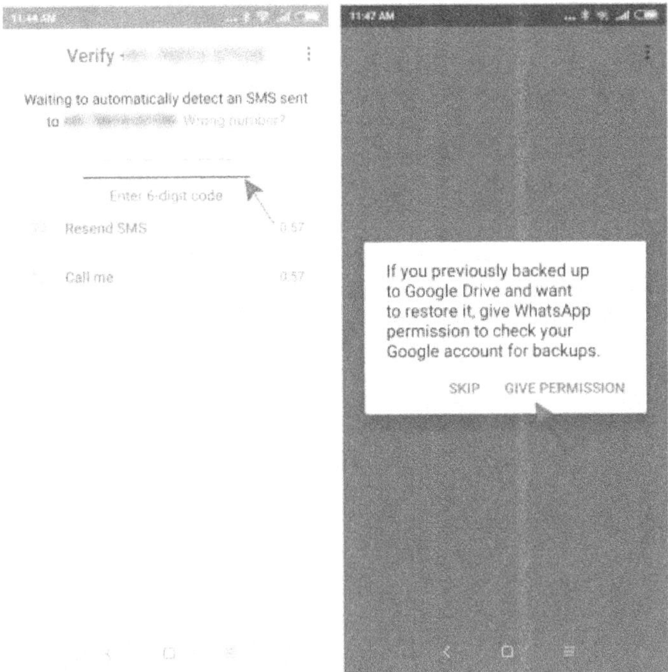

¡Felicitaciones, ha verificado con éxito su número de teléfono y ha impedido que los piratas informáticos ingresen a sus valiosos mensajes!

Ahora viene el último paso de la configuración. Tiene que seleccionar una imagen para mostrar y un nombre para mostrar. Esta es la imagen que verán sus amigos y familiares cuando conversen con usted. El nombre para mostrar se usa para identificarlo si la persona que chatea con usted no tiene su número de teléfono guardado en su teléfono.

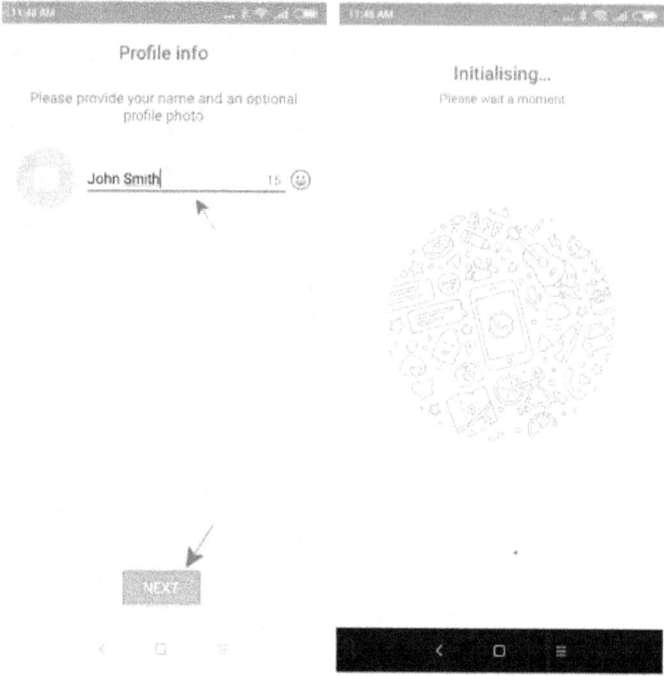

¡Yaay! ¡Bien hecho, has instalado y configurado WhatsApp con éxito!

AGREGAR CONTACTOS

¿Cómo agrego los números móviles de mis amigos y familiares a WhatsApp?

Es muy simple. Si tiene los números de sus amigos y familiares guardados en sus Contactos de su teléfono, aparecerán automáticamente en WhatsApp. Si no ve su nombre, no se preocupe, agregaremos contactos a continuación.

iPhone:

Todos los contactos de su iPhone se agregan automáticamente a WhatsApp. Para agregar un nuevo contacto a WhatsApp, debe hacer clic en el botón "Nuevo contacto" en WhatsApp como se muestra a continuación. Esto lo llevará a la aplicación de contacto de su iPhone donde puede guardar la información de contacto. Una vez hecho esto, verá su nuevo contacto en su lista de contactos de WhatsApp. A continuación, puede seleccionar el contacto y comenzar a enviar mensajes con él.

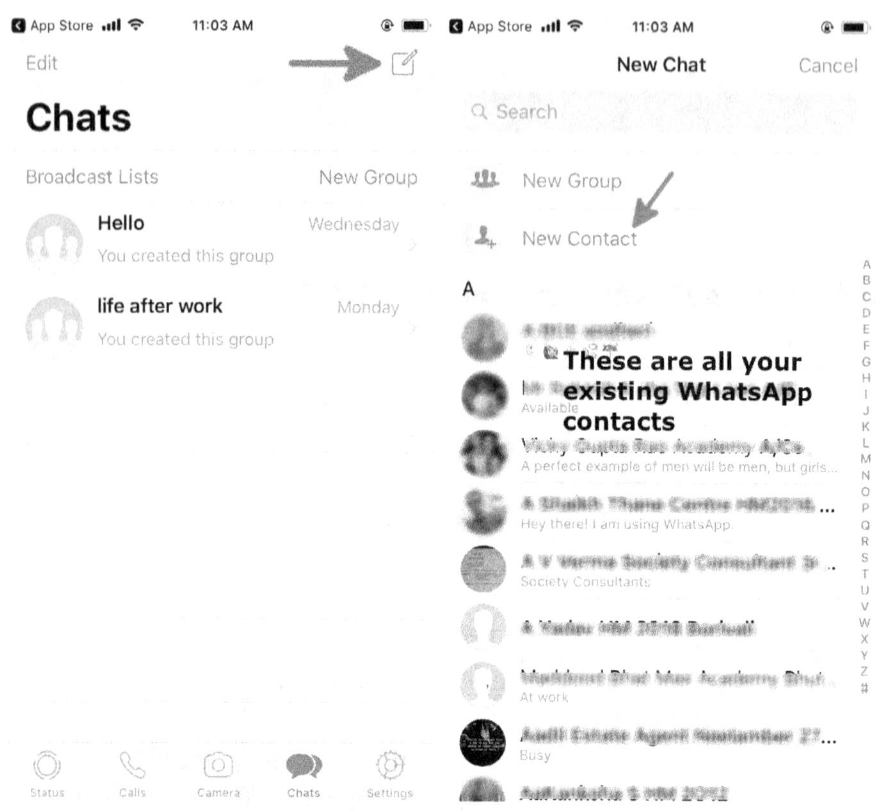
These are all your existing WhatsApp contacts

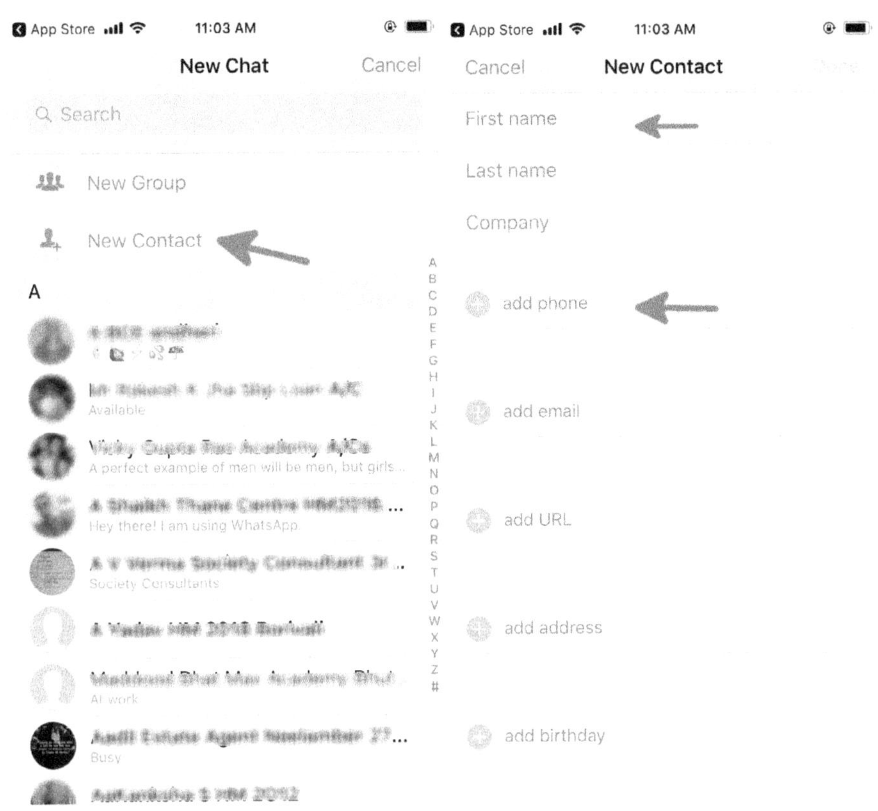

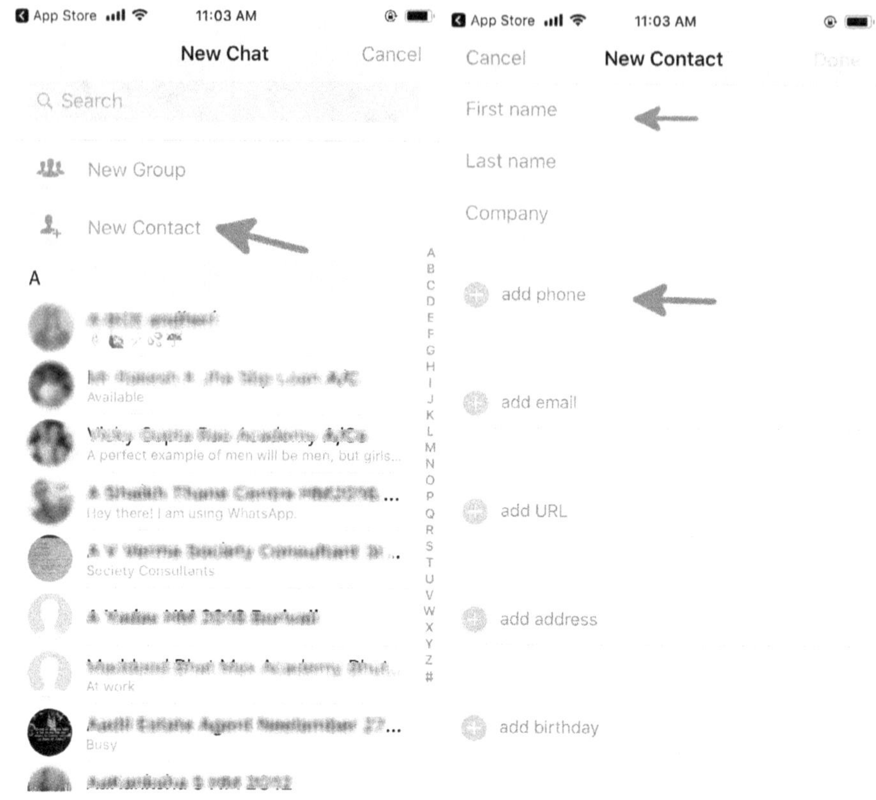

Android:

Todos los contactos de su teléfono inteligente Android se agregan automáticamente a WhatsApp. Para agregar un nuevo contacto a WhatsApp, debe hacer clic en el botón "Nuevo contacto" en WhatsApp como se muestra a continuación. Esto lo llevará a la aplicación de contacto de su teléfono inteligente donde puede guardar la información de contacto. Una vez hecho esto, verá su nuevo contacto en su lista de contactos de WhatsApp. A continuación, puede seleccionar el contacto y comenzar a enviar mensajes con él.

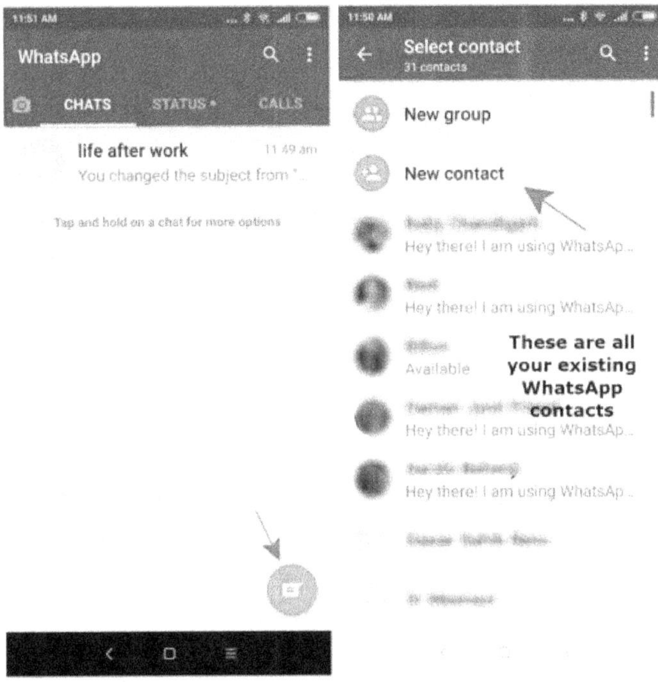

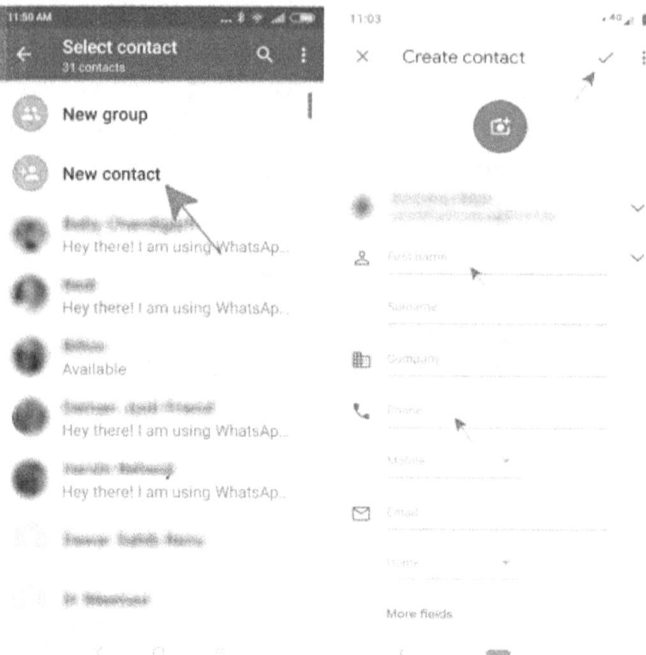

Bien hecho, acaba de agregar el contacto de su amigo a Whats-App. ¡Ahora puede comenzar a enviar mensajes a todos sus amigos y familiares!

MENSAJERÍA DE WHATSAPP

¿CÓMO ENVÍO UN MENSAJE DE WHATSAPP?

Enviar un mensaje de WhatsApp es fácil de hacer. En su teléfono iPhone o Android, haga clic en el logotipo de WhatsApp para ingresar a la aplicación. Aquí haga clic en el contacto al que le gustaría enviar un mensaje y haga clic en el cuadro blanco para abrir su teclado. Aquí puede escribir su mensaje y presionar la flecha verde para enviar el mensaje a su amigo.

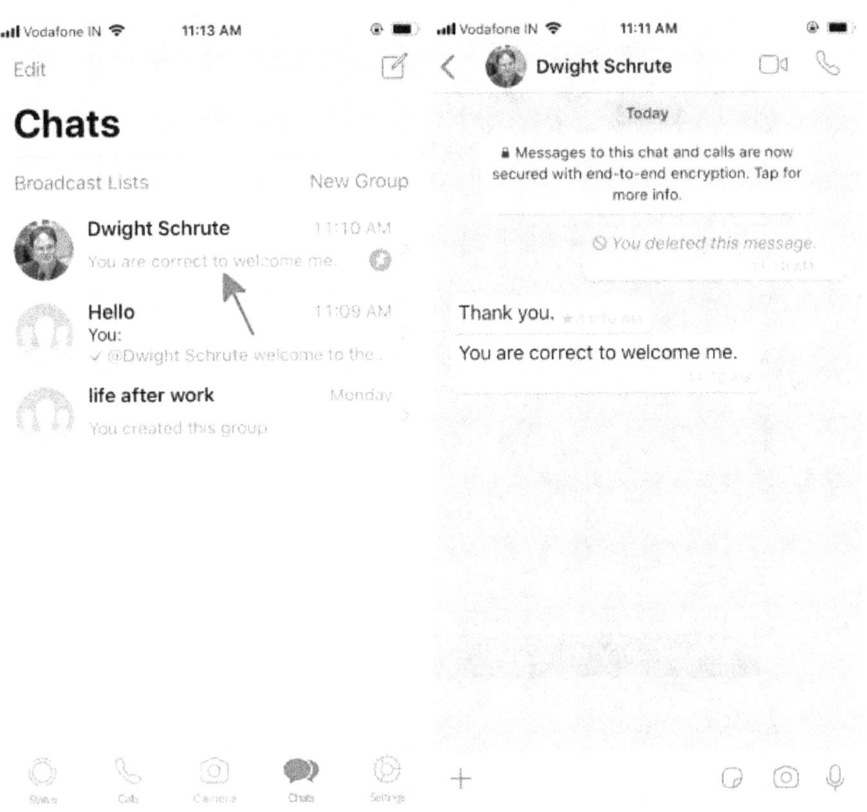
Vodafone IN 11:13 AM
Edit
Chats
Broadcast Lists   New Group
Dwight Schrute   11:10 AM
You are correct to welcome me.
Hello   11:09 AM
You:
@Dwight Schrute welcome to the...
life after work   Monday
You created this group
Status   Calls   Camera   Chats   Settings

Vodafone IN 11:11 AM
Dwight Schrute
Today
Messages to this chat and calls are now
secured with end-to-end encryption. Tap for
more info.
You deleted this message.
Thank you.
You are correct to welcome me.

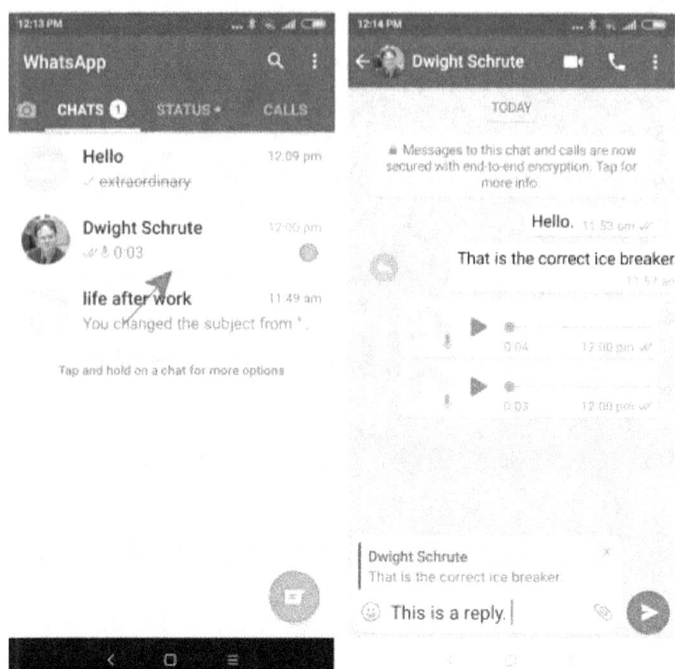

LEER RECIBOS

¿Cómo puedo ver si mi amigo ha leído mi mensaje o no?

Cuando envíe un mensaje, su mensaje mostrará una pequeña marca al lado y después de unos segundos aparecerá una segunda marca. La primera marca indica que su mensaje ha sido enviado desde su teléfono. La segunda marca indica que su contacto ha recibido su mensaje. Cuando su amigo lee el mensaje, las marcas se vuelven azules.

En su iPhone, puede averiguar la hora a la que envía el mensaje, la hora a la que su amigo recibe el mensaje y la hora a la que su amigo recibió el mensaje presionando y manteniendo presionado el mensaje para el que necesita esta información. En el menú emergente, haga clic en el botón con la letra i dentro de un círculo. Esto lo llevará a la página de información del mensaje donde puede ver cuándo se envió su mensaje, cuándo se recibió el mensaje y cuándo su amigo leyó su mensaje.

En tu teléfono Android, mantén presionado el mensaje para el que deseas información. Después de resaltar el mensaje, aparece una fila verde en la parte superior de la pantalla junto con un menú de 3 botones en la parte superior derecha de la pantalla. Haga clic en el menú de 3 botones en la parte superior derecha de la pantalla y haga clic en "información". Irá a la pantalla donde puede ver la hora a la que se envió el mensaje, la hora a la que se recibió el mensaje y la hora a la que se leyó.

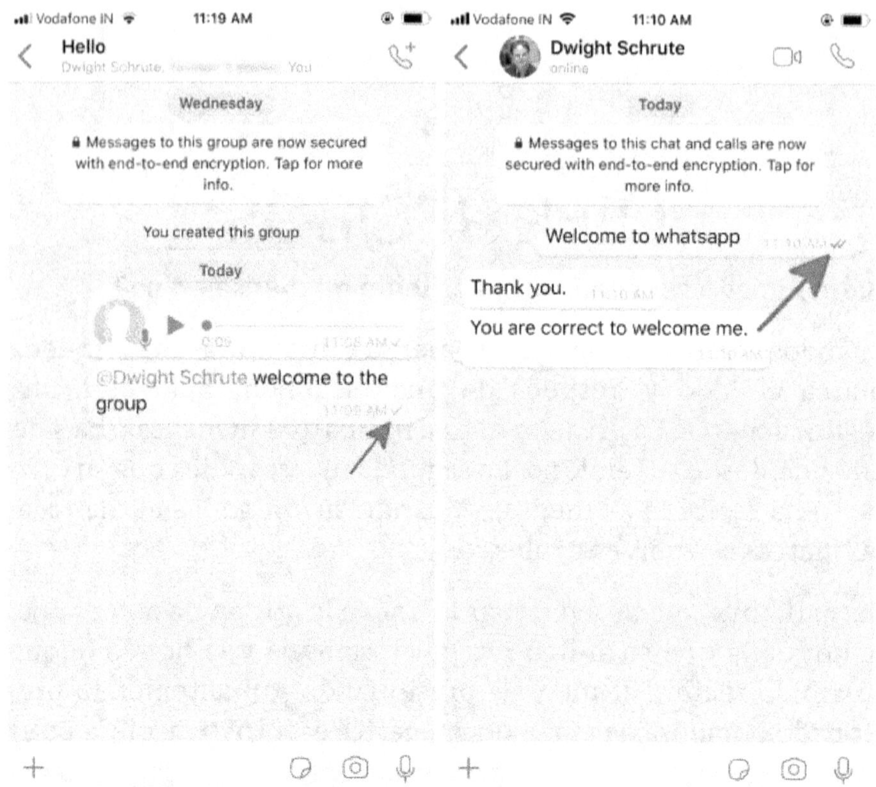
Vodafone IN 11:19 AM
Hello
Dwight Schrute, You
Wednesday
Messages to this group are now secured with end-to-end encryption. Tap for more info.
You created this group
Today
@Dwight Schrute welcome to the group
Vodafone IN 11:10 AM
Dwight Schrute
online
Today
Messages to this chat and calls are now secured with end-to-end encryption. Tap for more info.
Welcome to whatsapp
Thank you.
You are correct to welcome me.

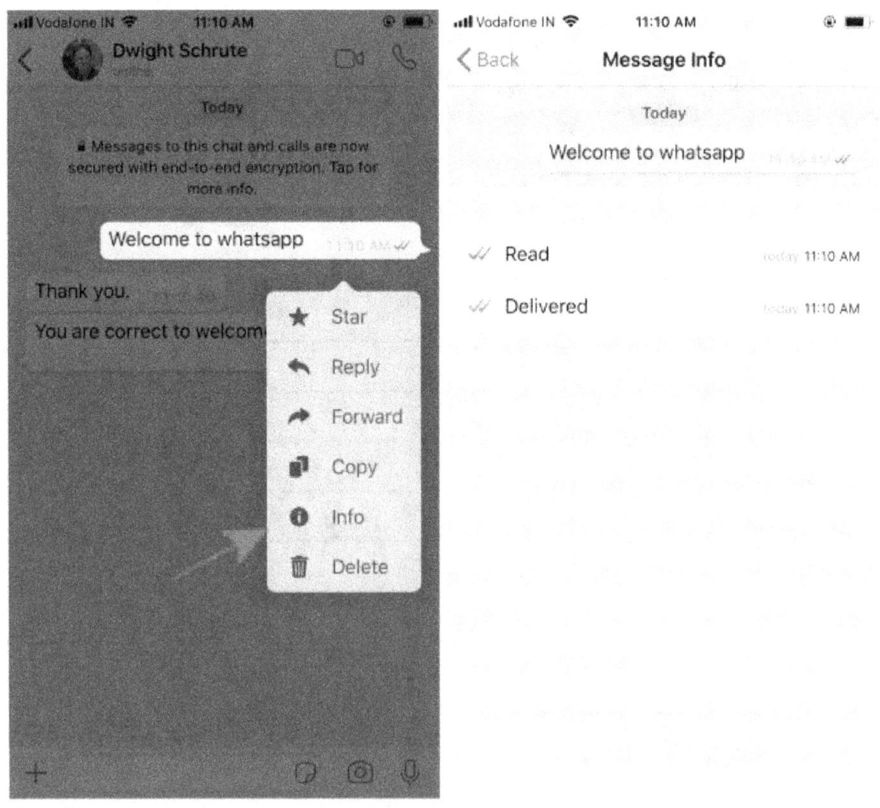
Vodafone IN
11:10 AM
Dwight Schrute
Today
Messages to this chat and calls are now secured with end-to-end encryption. Tap for more info.
Welcome to whatsapp
Thank you.
You are correct to welcom
Star
Reply
Forward
Copy
Info
Delete
Vodafone IN
11:10 AM
Back
Message Info
Today
Welcome to whatsapp
Read
today 11:10 AM
Delivered
today 11:10 AM

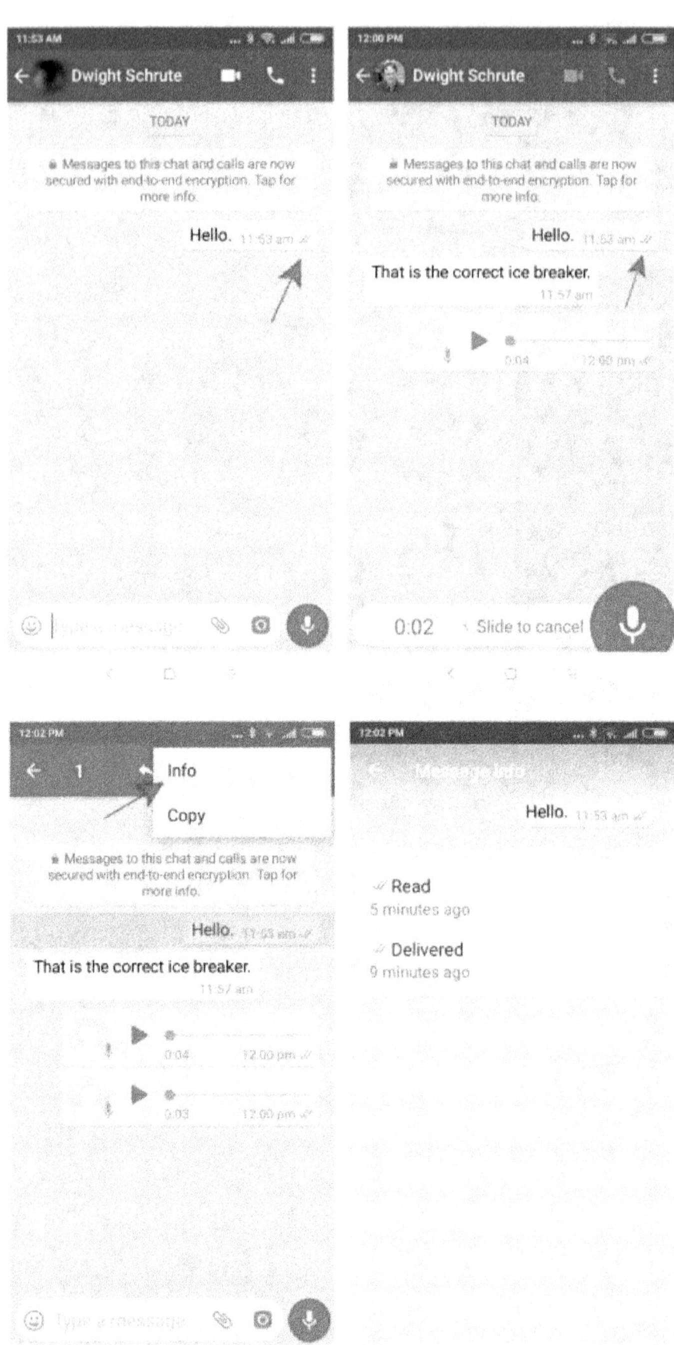
Dwight Schrute
TODAY
Messages to this chat and calls are now secured with end-to-end encryption. Tap for more info.
Hello.
Dwight Schrute
TODAY
Messages to this chat and calls are now secured with end-to-end encryption. Tap for more info.
Hello.
That is the correct ice breaker.
Slide to cancel
Info
Copy
Messages to this chat and calls are now secured with end-to-end encryption. Tap for more info.
Hello.
That is the correct ice breaker.
Hello.
Read
5 minutes ago
Delivered
9 minutes ago

¡Ahora tu amigo no puede darte una excusa para no ver tu mensaje cuando le pediste que llegara a tiempo y trajera bocadillos para la fiesta de tu casa!

OCULTAR RECIBOS DE LECTURA

No quiero revelar si he leído o no un mensaje de WhatsApp. ¿Cómo puedo hacer eso?

Puedes cambiar la configuración de la marca azul de WhatsApp para qué la persona que envía el mensaje no vea si has leído el mensaje que te envió. Desafortunadamente, cuando haces esto, tampoco puedes ver si alguien ha leído los mensajes que has enviado.

Para desactivar los recibos de lectura en su iPhone, haga clic en el botón de configuración en la parte inferior de la pantalla y luego en el botón "Cuenta". Aquí haga clic en el botón "Privacidad" y desplácese hacia abajo hasta "Leer recibos". Desmarque la casilla para activarlo.

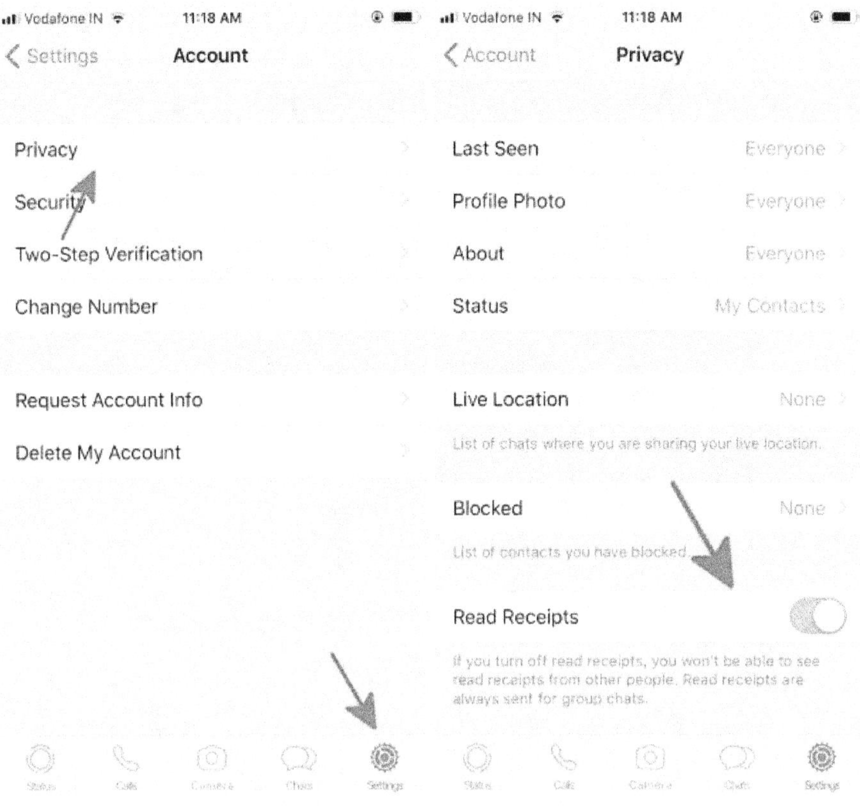
Vodafone IN
11:18 AM
Settings
Account
Privacy
Security
Two-Step Verification
Change Number
Request Account Info
Delete My Account
Status
Calls
Camera
Chats
Settings
Vodafone IN
11:18 AM
Account
Privacy
Last Seen
Everyone
Profile Photo
Everyone
About
Everyone
Status
My Contacts
Live Location
None
List of chats where you are sharing your live location.
Blocked
None
List of contacts you have blocked.
Read Receipts
If you turn off read receipts, you won't be able to see read receipts from other people. Read receipts are always sent for group chats.
Status
Calls
Camera
Chats
Settings

Para desactivar los recibos de lectura en su teléfono inteligente Android, haga clic en el botón de configuración en la parte inferior de la pantalla y luego en el botón "Cuenta". Aquí haga clic en el botón "Privacidad" y desplácese hacia abajo hasta "Leer recibos". Desmarque la casilla para activarlo.

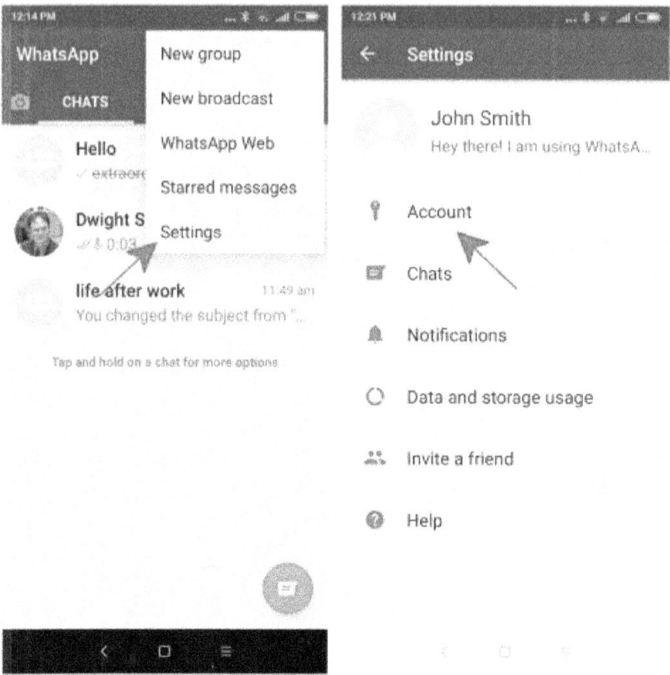

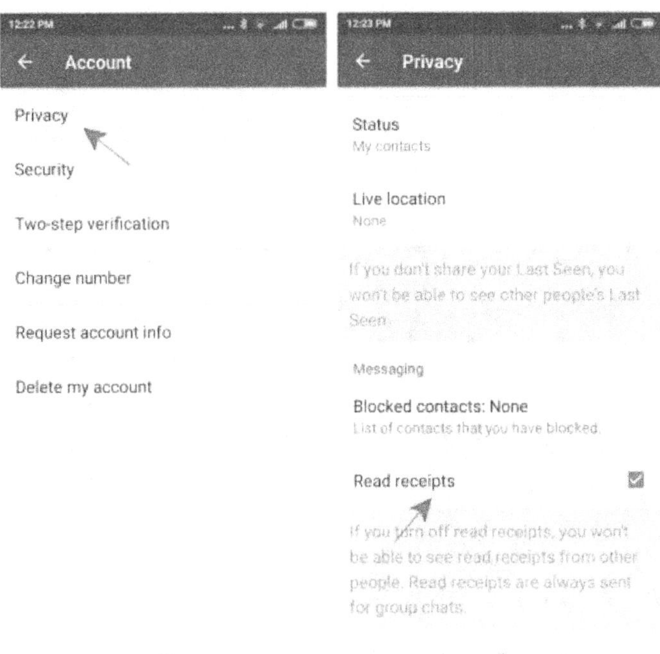
12:22 PM
← Account
Privacy
Security
Two-step verification
Change number
Request account info
Delete my account
12:23 PM
← Privacy
Status
My contacts
Live location
None
If you don't share your Last Seen, you won't be able to see other people's Last Seen.
Messaging
Blocked contacts: None
List of contacts that you have blocked.
Read receipts
If you turn off read receipts, you won't be able to see read receipts from other people. Read receipts are always sent for group chats.

OCULTACIÓN DE LA ÚLTIMA VEZ QUE SE VIO EN LÍNEA

¿Hay alguna forma de proteger aún más mi privacidad?

WhatsApp tiene una función llamada Última vista que transmite la hora a la que estuvo en línea por última vez en WhatsApp. Para proteger aún más su privacidad, puede activar esto en la configuración de privacidad como se describe anteriormente. Nuevamente, al igual que los recibos de lectura, una vez que deshabilita la función Última vista, no puede ver la hora de la última vista de sus contactos también.

Para configurar visto por última vez en su iPhone, haga clic en el botón de configuración en la parte inferior de la pantalla y luego en el botón "Cuenta". Aquí haga clic en el botón "Privacidad" y desplácese hacia abajo hasta Último visto". Puede seleccionar entre 3 opciones:

1. Todos: aquí todos pueden ver la última vez que estuvo en línea en WhatsApp
2. Contactos: aquí solo los contactos guardados en su teléfono puede ver cuándo estuvo en línea por última vez en WhatsApp
3. Nadie: Esto deshabilita la función Último visto que asegura que nadie pueda ver la hora a la que estuvo en línea por última vez en WhatsApp

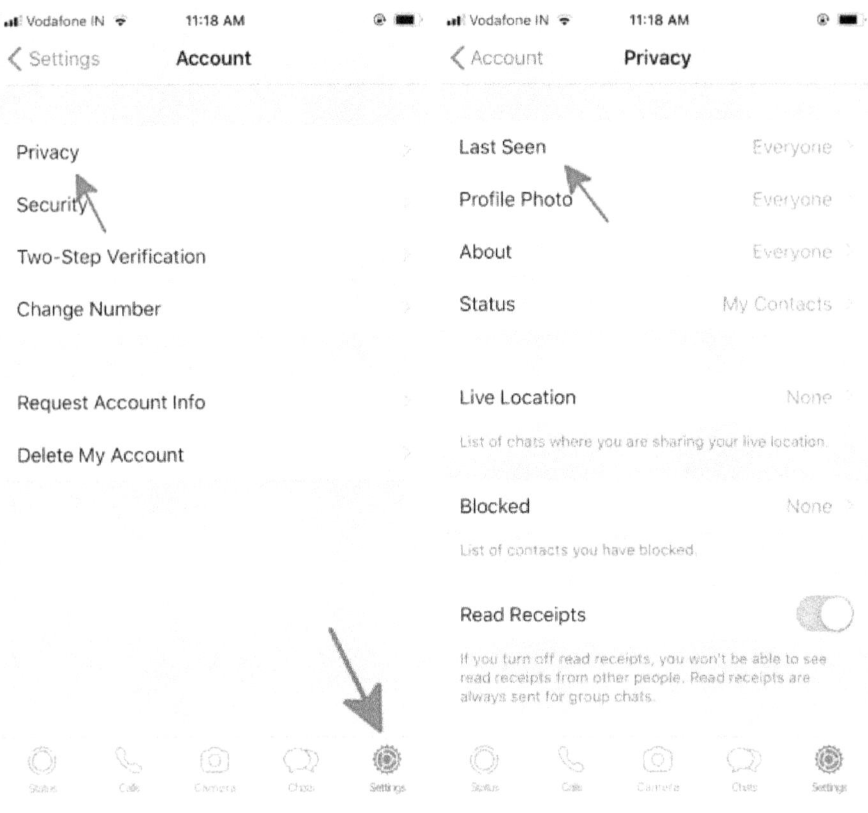
Vodafone IN
11:18 AM
Settings
Account
Privacy
Security
Two-Step Verification
Change Number
Request Account Info
Delete My Account
Status
Calls
Camera
Chats
Settings
Vodafone IN
11:18 AM
Account
Privacy
Last Seen
Everyone
Profile Photo
Everyone
About
Everyone
Status
My Contacts
Live Location
None
List of chats where you are sharing your live location.
Blocked
None
List of contacts you have blocked.
Read Receipts
If you turn off read receipts, you won't be able to see read receipts from other people. Read receipts are always sent for group chats.
Status
Calls
Camera
Chats
Settings

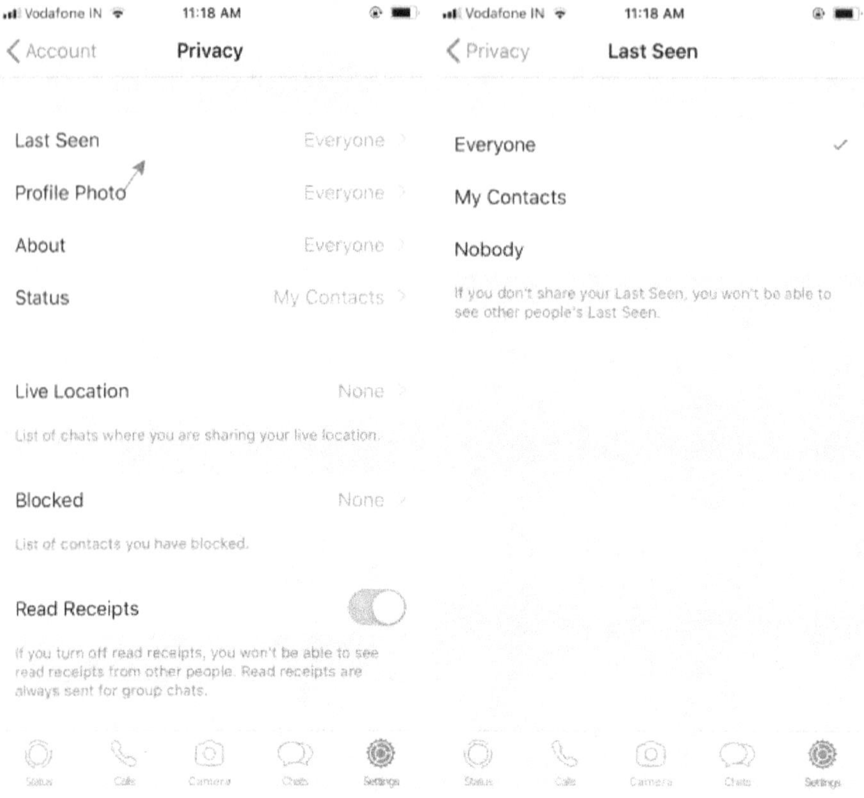

Para configurar el último visto en su teléfono inteligente Android, haga clic en el botón de configuración detrás el botón de 3 puntos en la parte superior derecha de la pantalla y luego en el botón "Cuenta". Aquí haga clic en el botón "Privacidad" y desplácese hasta "Visto por última vez". Puede seleccionar entre 3 opciones:

1. Todos: Aquí todos pueden ver la última vez que estuvo en línea en WhatsApp

2. Contactos: Aquí solo los contactos guardados en su teléfono puede ver cuándo estuvo en línea por última vez en WhatsApp

3. Nadie: Esto deshabilita la función Último visto que garantiza que nadie pueda ver la hora a la que estuvo en línea por última vez en WhatsApp.

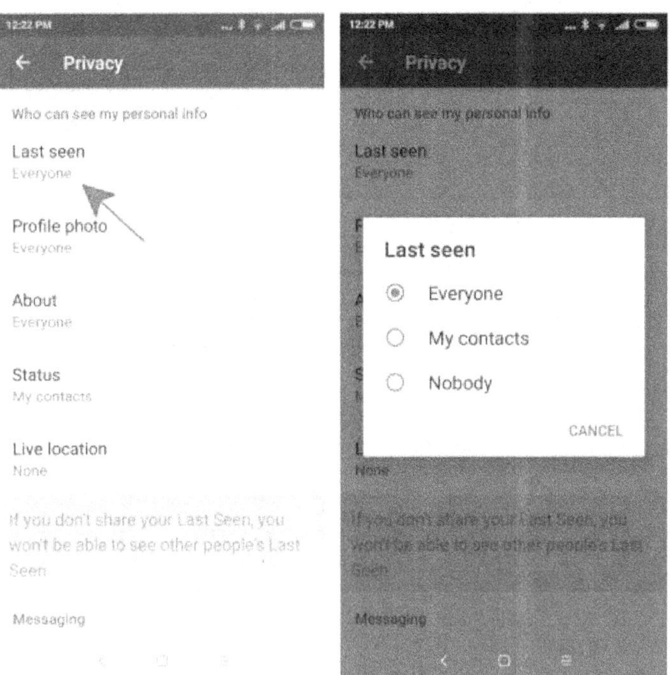
Privacy
Who can see my personal info
Last seen
Everyone
Profile photo
Everyone
About
Everyone
Status
My contacts
Live location
None
If you don't share your Last Seen, you won't be able to see other people's Last Seen
Messaging
Last seen
Everyone
My contacts
Nobody
CANCEL

ENVIANDO FOTOS, VIDEOS Y MUCHO MÁS.

Ok para que pueda enviar mensajes de texto para gratis a través de WhatsApp. ¿Puedo enviar fotos o videos? ¿Qué más puedo enviar por WhatsApp?

Sí, puedes enviar fotos y videos a través de WhatsApp. De hecho, puede enviar todo lo siguiente a través de un mensaje de WhatsApp:

1. Fotos y videos
2. Mensaje de voz
3. Documentos
4. Emoji, GIF y pegatinas
5. Contacto
6. Ubicación

Echemos un vistazo a cómo puede enviar todo lo anterior

1. Fotos y videos

En su iPhone puede enviar fotos y videos de dos maneras.

En primer lugar, puede hacer clic en el botón de la cámara a la derecha del cuadro de chat. Esto abrirá la cámara. Aquí puede tomar un video o una foto o seleccionar una imagen o un video de la galería de su teléfono. La foto o el video seleccionado o capturado se enviará inmediatamente a su amigo.

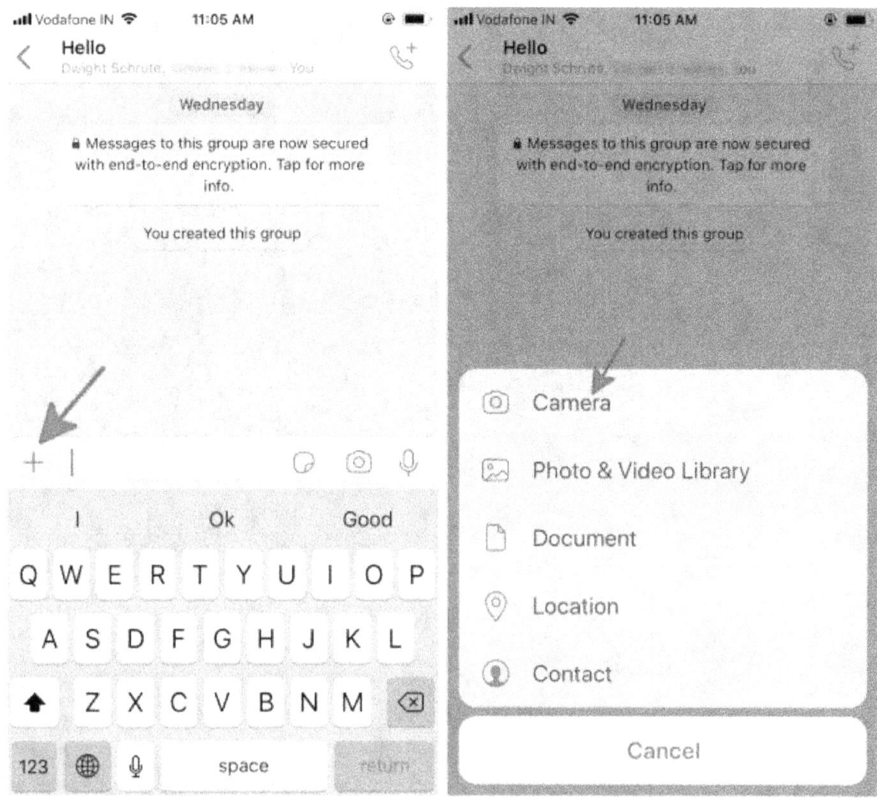

En segundo lugar, puede hacer clic en el botón "+" a la izquierda del cuadro de chat y seleccionar "Fotos y vídeos" en el menú. Esto te permitirá seleccionar una imagen o un video de tu galería para enviar a tu amigo.

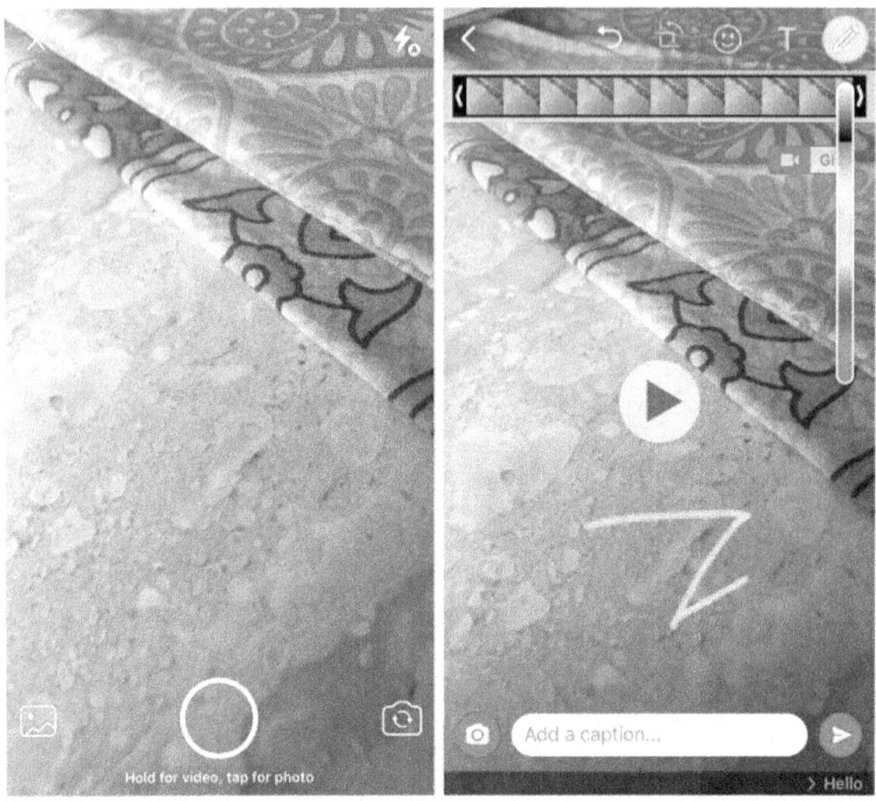

Del mismo modo, en su teléfono inteligente Android puede enviar fotos y videos de dos maneras.

En primer lugar, puede hacer clic en el botón de la cámara a la derecha del cuadro de chat. Esto abrirá la cámara. Aquí puede tomar un video o una foto o seleccionar una imagen o un video de la galería de su teléfono. La foto o el video seleccionado o capturado se enviará inmediatamente a su amigo.

En segundo lugar, puede hacer clic en el botón del clip a la derecha del cuadro de chat y seleccionar "Galería" en el menú. Esto te permitirá seleccionar una imagen o un video de tu galería para enviar a tu amigo.

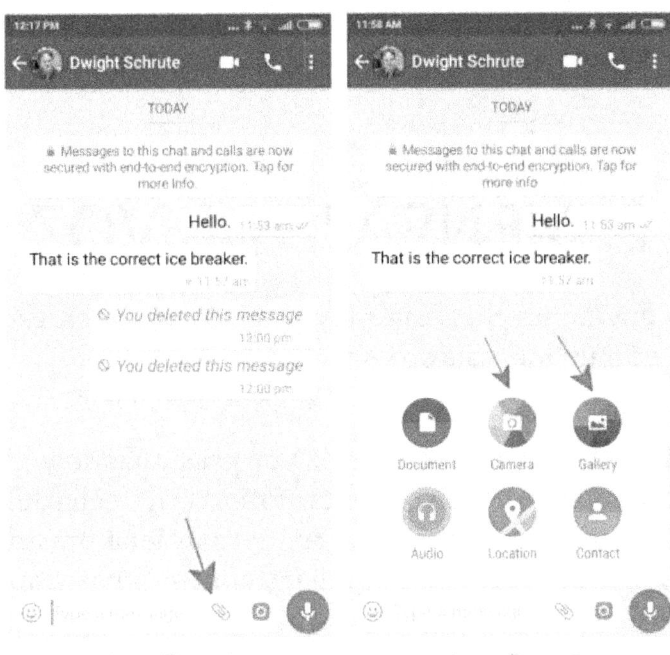
Dwight Schrute
TODAY
Messages to this chat and calls are now secured with end-to-end encryption. Tap for more info
Hello.
That is the correct ice breaker.
You deleted this message
You deleted this message
Dwight Schrute
TODAY
Messages to this chat and calls are now secured with end-to-end encryption. Tap for more info
Hello.
That is the correct ice breaker.
Document
Camera
Gallery
Audio
Location
Contact

2. MENSAJE DE VOZ

Si desea enviar un mensaje muy largo y no desea escribirlo, puede enviar un mensaje de voz.
iPhone:

En su iPhone, envía un mensaje de voz presionando y manteniendo presionado el botón del micrófono a la derecha del cuadro de chat. Tan pronto como presiona y mantiene presionado el botón, el mensaje comienza a grabar y continúa hasta que suelta el botón.

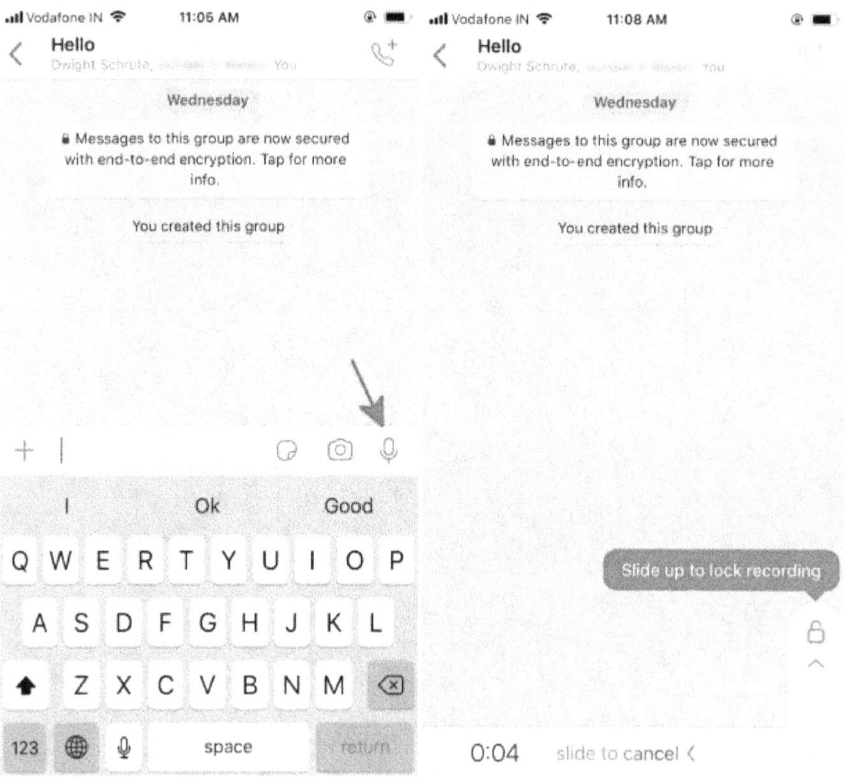

Android:

En su teléfono inteligente Android para enviar un mensaje de voz, debe presionar y mantener presionado el botón verde del micrófono a la derecha del cuadro de chat. Tan pronto como presione y mantenga presionado el botón, el mensaje comienza a grabar y continúa hasta que suelte el botón. Este mensaje de voz se envía en la misma pantalla de chat en la que se envían sus mensajes de texto.

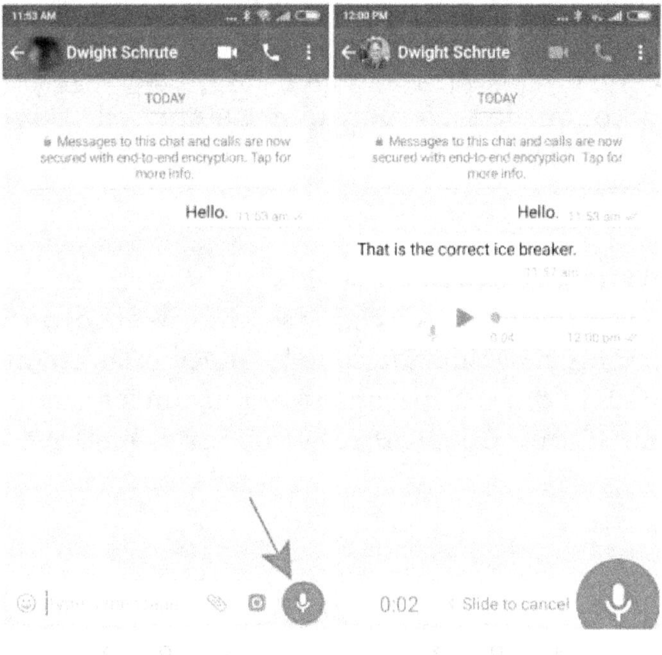

Con los mensajes de voz, WhatsApp se asegura de que, además de los músculos del pulgar, también se flexionen los músculos vocales mientras charla con sus amigos.

3. DOCUMENTOS

Puede enviar cualquier documento que desee a través de WhatsApp. WhatsApp admite todos los tipos de archivos con un límite de tamaño de 100 MB. Los tipos de archivo que puede enviar incluyen .xls, .ppt, .doc, .pdf, .mp4 y .mp3
Por lo tanto, puede enviar cualquier archivo de texto, audio, video y aplicación.

iPhone:

Para enviar estos archivos en su iPhone, haga clic en el botón "+" a la izquierda del cuadro de chat y seleccione el botón "Compartir documentos". Desde aquí puede seleccionar archivos guardados en su iPhone o almacenados en su almacenamiento en la nube como iCloud, Google Drive, Dropbox o OneDrive

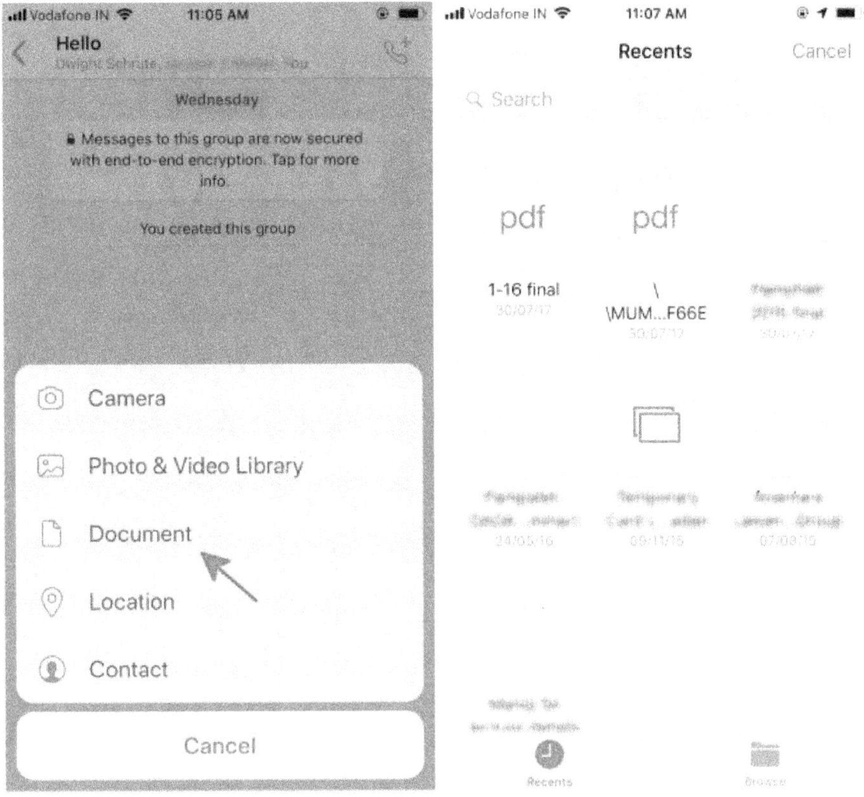

Android:

Para enviar los archivos en su teléfono inteligente Android, haga clic en el botón de clip a la derecha del cuadro de chat y seleccione el botón "Documento" desde aquí puede seleccionar cualquier archivo en su teléfono Android para compartir.

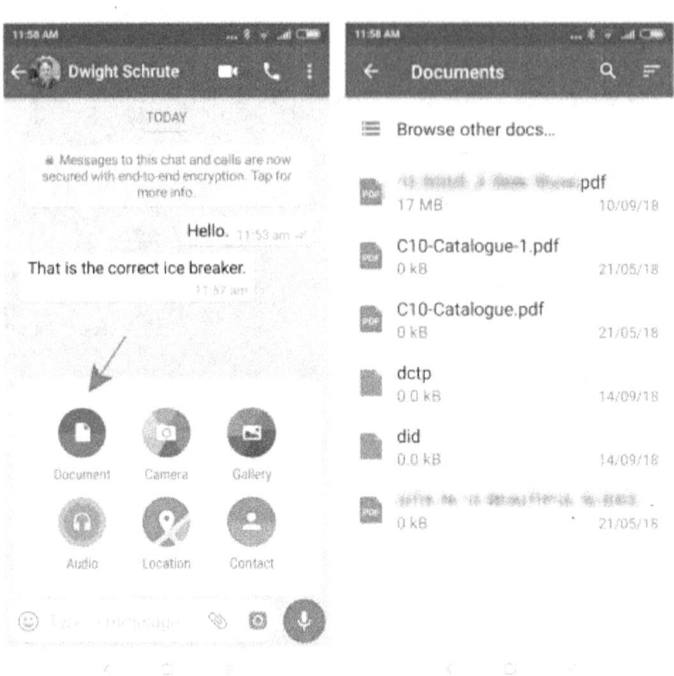

Ahora que no tiene que enviar documentos por correo electrónico a sus amigos, puede hacerlo directamente a través de WhatsApp. De hecho, puede transferir documentos desde su teléfono a su computadora también utilizando WhatsApp Web y el uso compartido de documentos.

4. EMOJI, GIF Y PEGATINAS

A veces, las palabras no son suficientes para expresar las emociones que siente y necesitan una forma diferente de expresar estas emociones. ¡Aquí es donde los emojis, los GIF y las pegatinas entran en escena! Los emojis son emoticones o símbolos que se usan para indicar expresiones faciales, clima, animales, lugares, etc. Los
GIF son videos cortos que también se pueden usar para expresar lo mismo, mientras que las pegatinas son simplemente formas más grandes y más elaboradas de emojis

iPhone:

Para usar estas formas de creatividad expresión en su iPhone presione el cuadro de chat para abrir el teclado y haga clic en el botón de la cara sonriente en la parte inferior izquierda del teclado. Esto te llevará al menú de emojis donde seleccionas el emoji, GIF o pegatinas que deseas enviar.

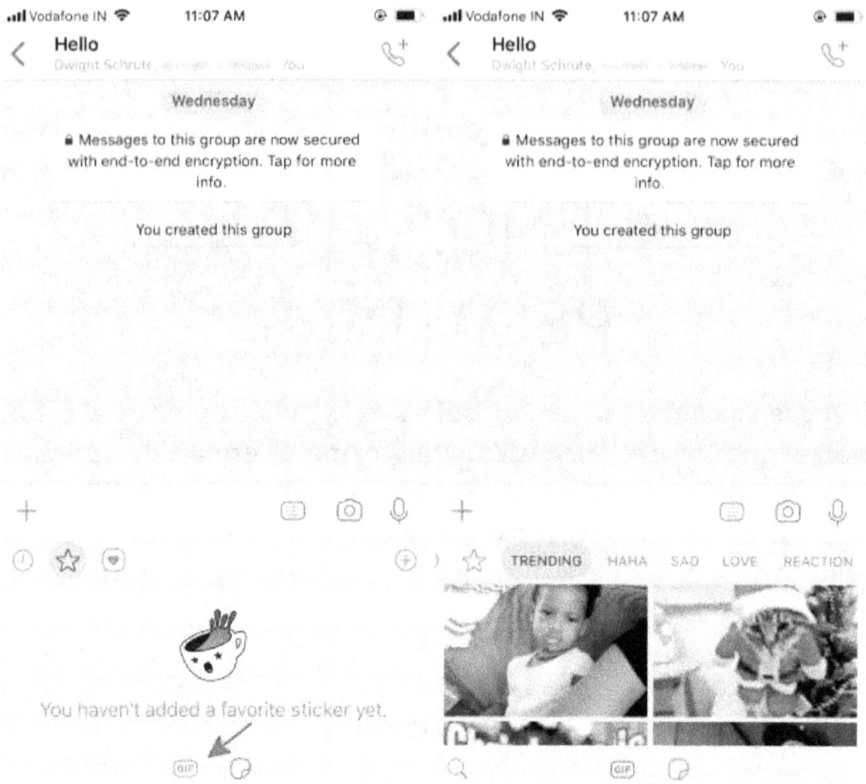

Android:

En tu teléfono Android, haz clic en la cara sonriente a la izquierda del cuadro de chat para abrir el menú de emoji. Aquí puede seleccionar el emoji, GIF o pegatina de su elección. Tus emojis más utilizados se guardan en la primera pantalla del menú de emoji para que te sea más fácil acceder a tus emojis más utilizados. ¡Así que adelante y exprésate plenamente! 😂😂

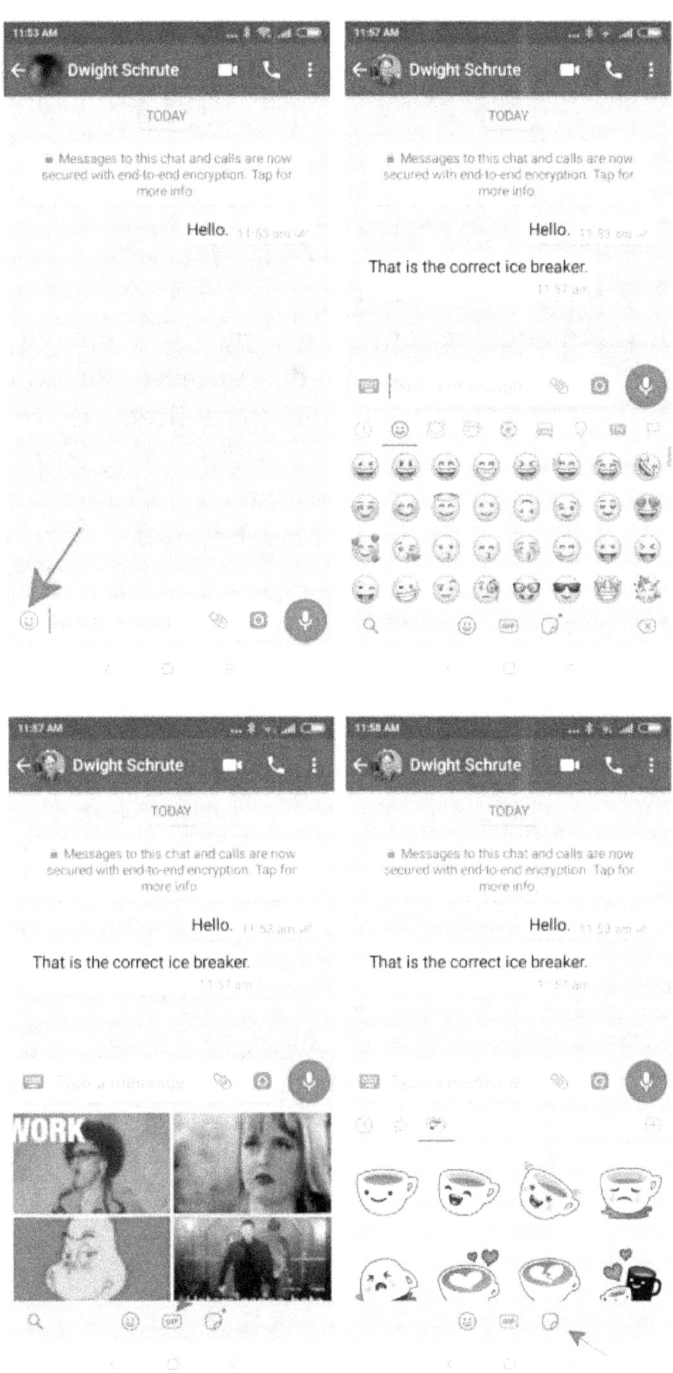

5. CONTACTOS

Uno de los elementos más útiles que puede compartir a través de WhatsApp es la información de contacto. Puede compartir cualquier contacto almacenado en su directorio telefónico directamente en la ventana de chat. WhatsApp permite al destinatario enviar inmediatamente un mensaje a este contacto o guardar el contacto en su directorio telefónico.

iPhone:

Para compartir contactos en su iPhone, haga clic en el "+" a la izquierda de la ventana de chat y seleccione "Contactos". Desde aquí puede buscar y seleccionar todos los contactos que desea compartir.

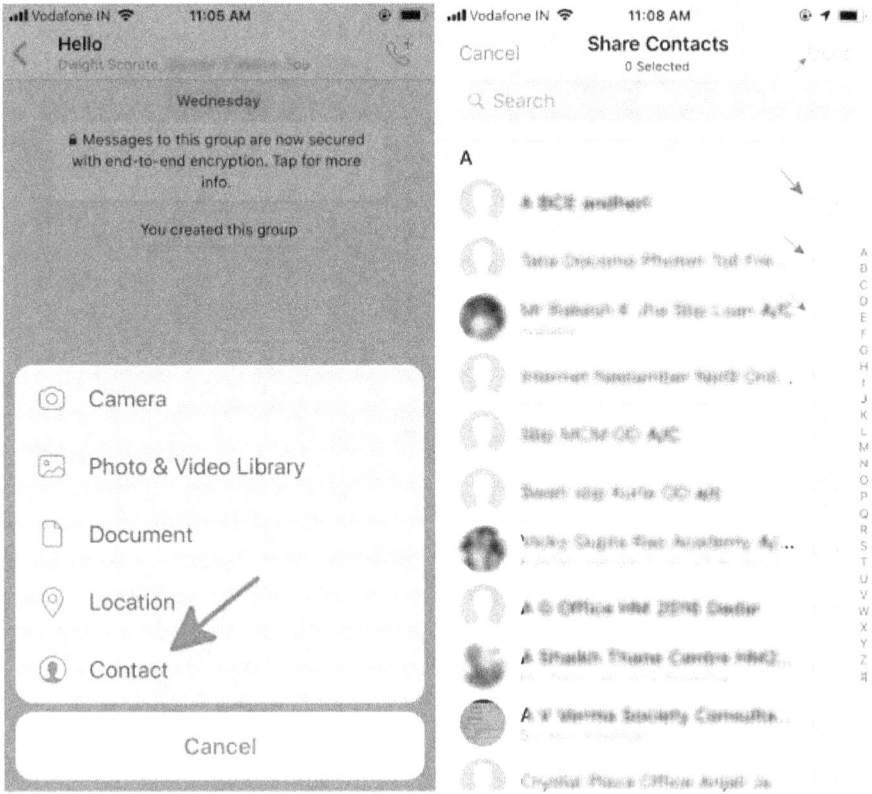

Android:

Para compartir contactos en su teléfono Android, haga clic en el botón del clip a la derecha del cuadro de chat y seleccione el botón "Contacto". Esto lo llevará a su lista de contactos desde donde puede seleccionar la lista de contactos que desea compartir.

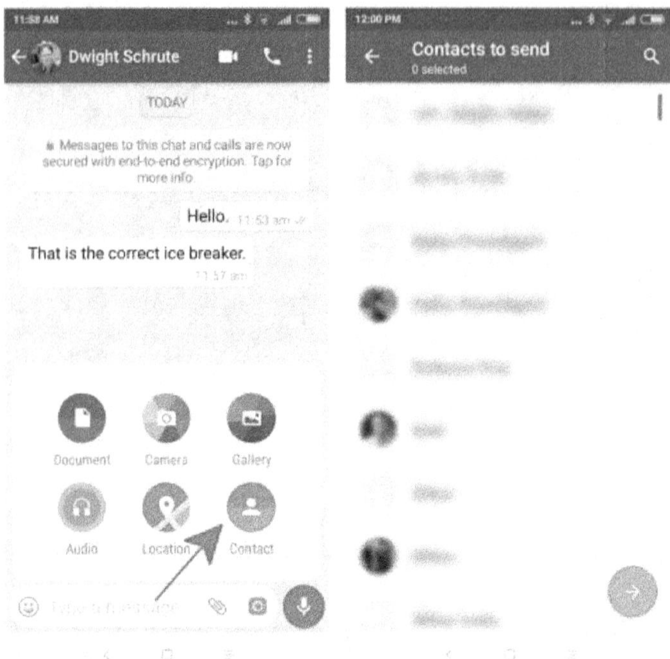

¡Estoy seguro de que esto hace que las aburridas sesiones de net-working sean mucho más fáciles! ¡No se necesitan más tarjetas de visita!

6. Ubicación

¿Alguna vez te has perdido tratando de encontrar la casa de tu amigo o el restaurante en el que todos se iban a encontrar? Ya no tiene que preocuparse por eso con el compartido de la ubicación.

Sutilizando el uso compartido de la ubicación, puede compartir su ubicación actual, su ubicación en vivo o la ubicación de un punto de referencia. Con Live Locación, su amigo puede seguir su movimiento durante un tiempo definido por usted. Ahora, cuando tu amigo te diga que está a 15 minutos de distancia, ¡podrás ver si está diciendo la verdad!

iPhone:

Para compartir su ubicación en su iPhone, haga clic en el botón "+" a la izquierda del cuadro de chat y haga clic en el botón "Ubicación". Aquí puede seleccionar compartir su ubicación actual, ubicación en vivo o la ubicación de un punto de referencia cercano. Una vez que seleccione Ubicación en vivo, puede seleccionar durante cuánto tiempo desea compartir su ubicación.

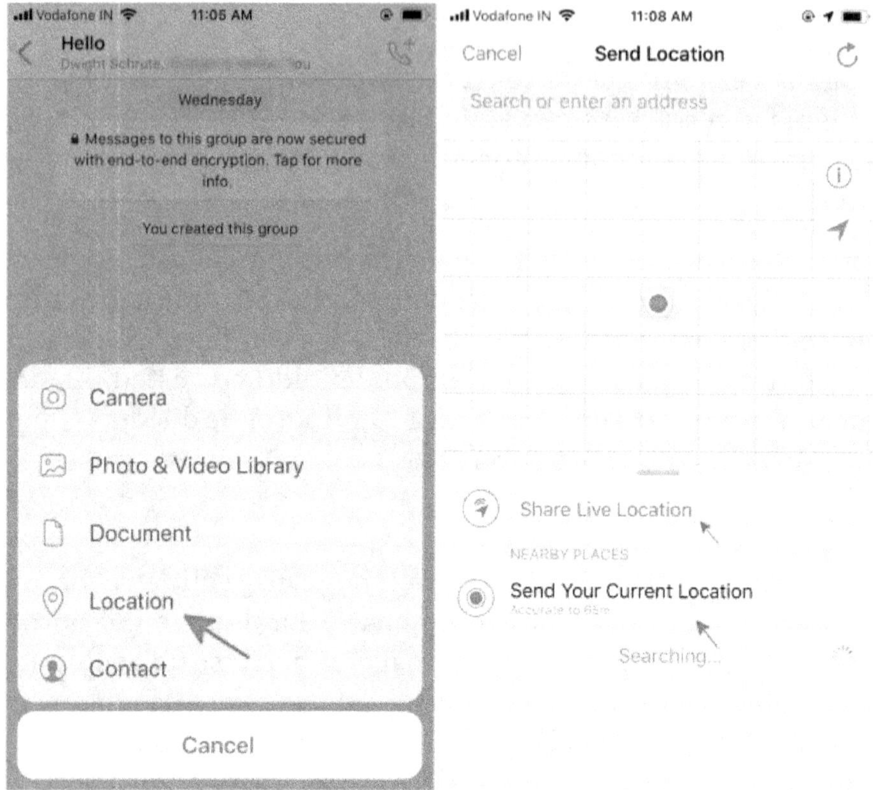
Vodafone IN
11:05 AM
Hello
Dwight Schrute,
Wednesday
Messages to this group are now secured with end-to-end encryption. Tap for more info.
You created this group
Camera
Photo & Video Library
Document
Location
Contact
Cancel
Vodafone IN
11:08 AM
Cancel
Send Location
Search or enter an address
Share Live Location
NEARBY PLACES
Send Your Current Location
Accurate to 65m
Searching...

Android:

Para compartir su ubicación en su teléfono Android, haga clic en el botón del clip a la derecha del cuadro de chat y seleccione el botón "Ubicación". Desde aquí puede seleccionar compartir su ubicación actual, ubicación en vivo o la ubicación de un punto de referencia cercano. Una vez que seleccione Ubicación en vivo, puede seleccionar durante cuánto tiempo desea compartir su ubicación. ¡Nunca vuelvas a perder tu camino!

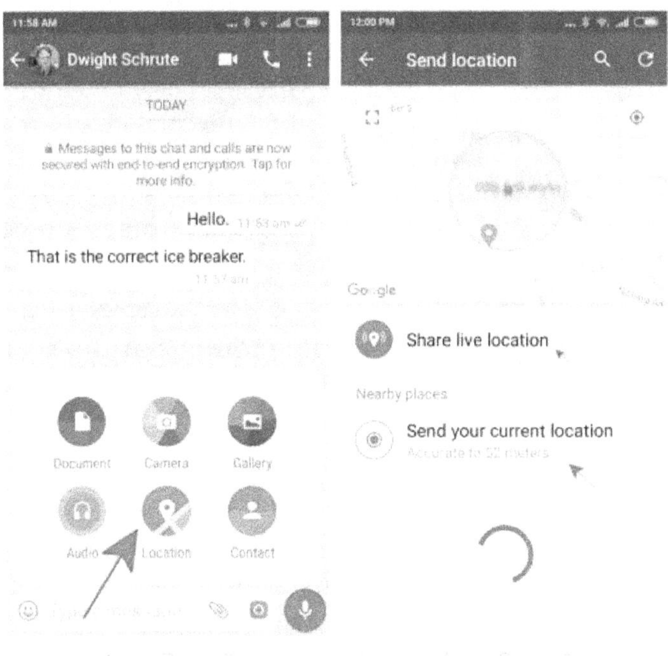

¿CÓMO ELIMINO, RESPONDO Y REENVÍO MENSAJES?

iPhone:

En tu iPhone, para eliminar un mensaje que has enviado, mantén presionado el mensaje. En el menú que aparece, seleccione el botón "Eliminar". Esto le da una opción para "Eliminar para usted" que solo elimina el mensaje para que el destinatario pueda ver el mensaje o "Eliminar para todos" para que el mensaje se elimine para todos.

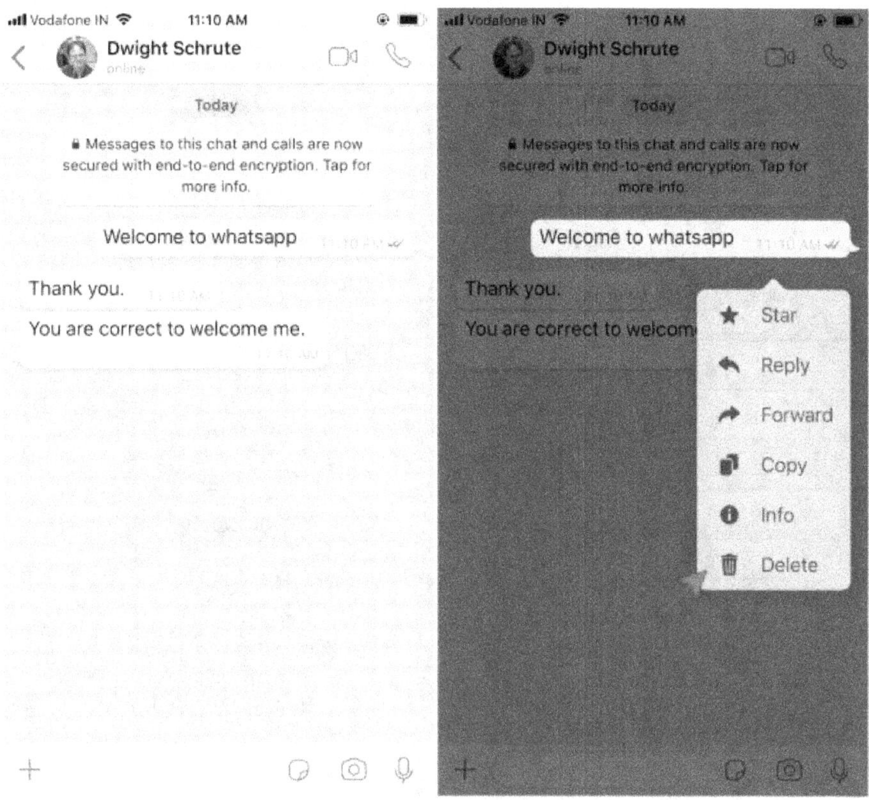

Puede responder a mensajes específicos utilizando la función Responder. Esto le permite incluir el mensaje al que está respondiendo en su respuesta al mensaje. Esto es particularmente útil en mensajes grupales donde hay varias personas enviando mensajes al mismo tiempo. Para usar la función de respuesta en su iPhone, mantenga presionado el mensaje al que desea responder. Seleccione el botón "responder" en el menú que aparece y escriba el mensaje que desea enviar como respuesta.

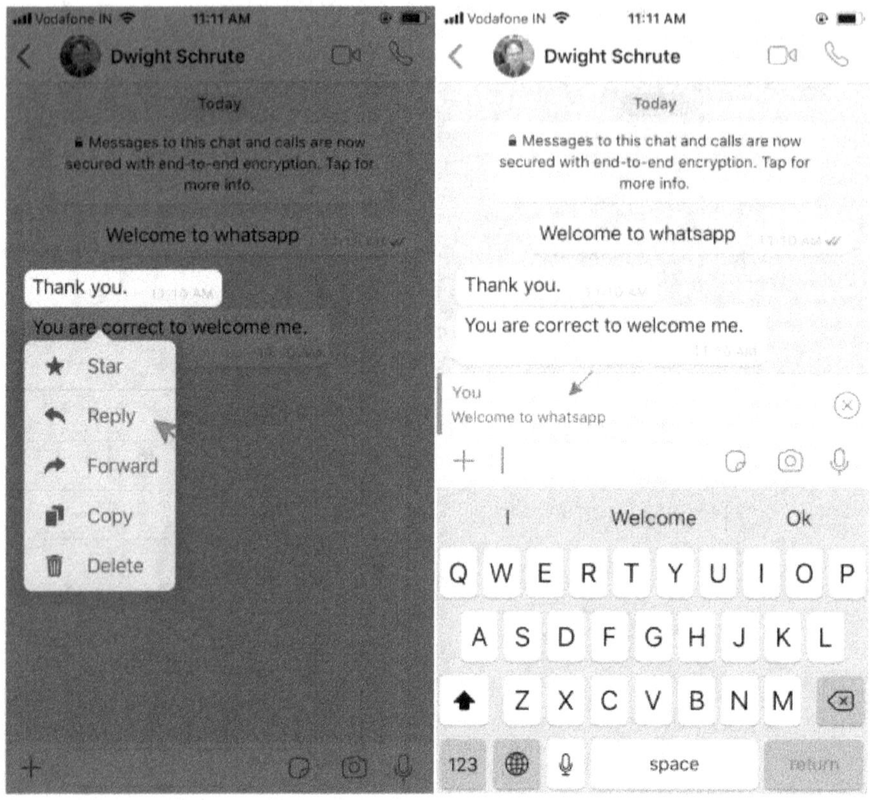

Para reenviar un mensaje en su iPhone, mantenga presionado el mensaje que desea reenviar. Seleccione "adelante" en el menú que aparece. Esto abrirá sus contactos a quienes puede reenviar el mensaje. Puede reenviar su mensaje a 20 contactos a la vez si no se encuentra en la India. Si está en la India, está limitado a 5 contactos a la vez.

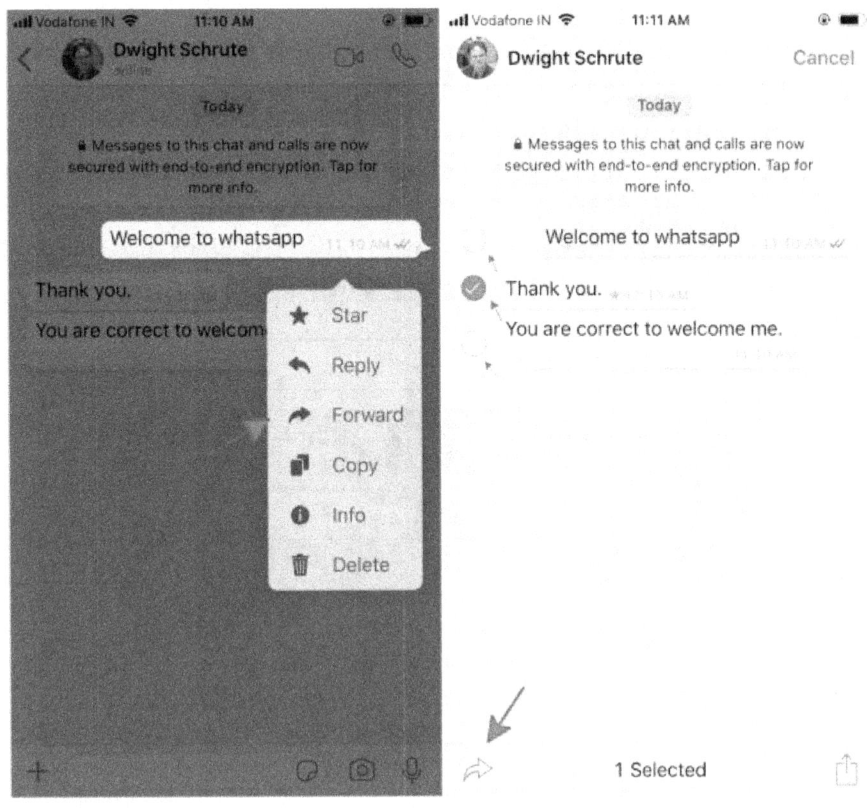
Vodafone IN 11:10 AM
Dwight Schrute
Today
Messages to this chat and calls are now secured with end-to-end encryption. Tap for more info.
Welcome to whatsapp
Thank you.
You are correct to welcom
Star
Reply
Forward
Copy
Info
Delete
Vodafone IN 11:11 AM
Dwight Schrute   Cancel
Today
Messages to this chat and calls are now secured with end-to-end encryption. Tap for more info.
Welcome to whatsapp
Thank you.
You are correct to welcome me.
1 Selected

Android:

Para eliminar un mensaje en su teléfono inteligente Android, mantenga presionado el mensaje que desea eliminar. Esto revelará un menú en la parte superior de la pantalla. Haga clic en el botón de la papelera para eliminar el mensaje. Al presionar el botón de la papelera, tendrá la opción "Eliminar para usted", que solo elimina el mensaje para que el destinatario pueda ver el mensaje o "Eliminar para todos" para que el mensaje se elimine para todos.

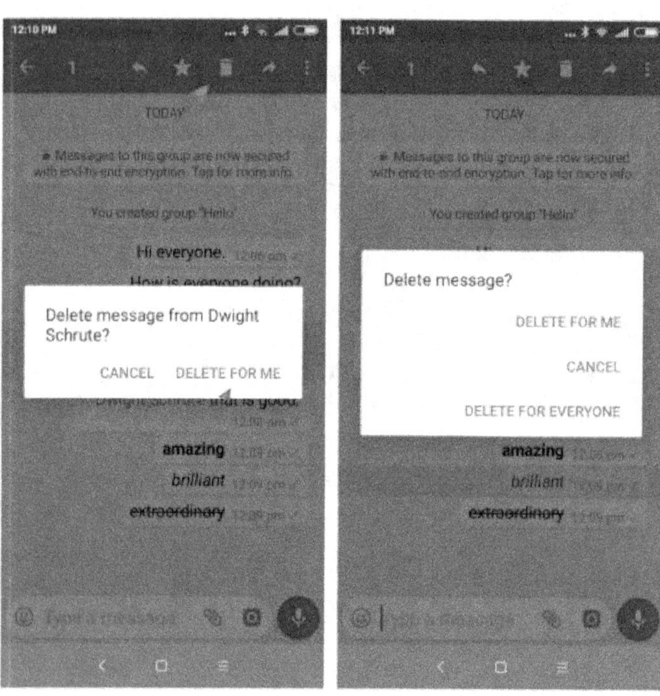

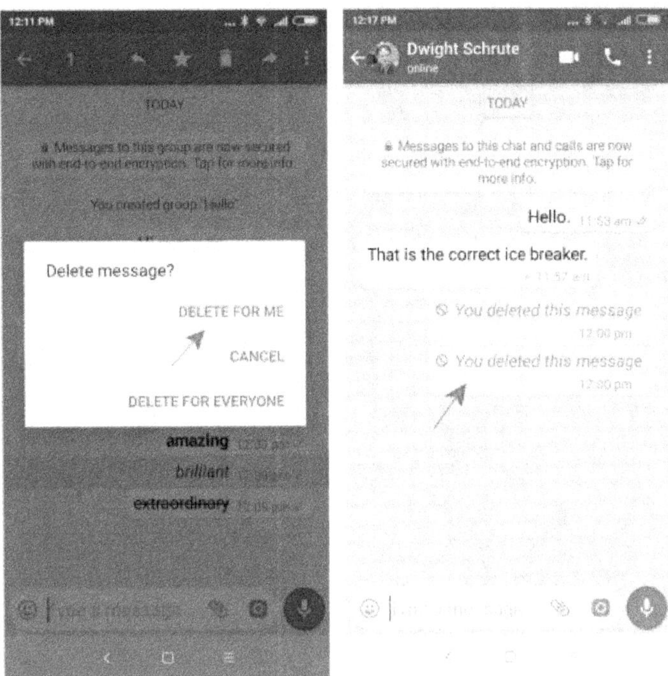

Para usar la función de respuesta en su teléfono inteligente Android, mantenga presionado el mensaje al que desea responder. Esto revela un menú en la parte superior de la pantalla. Haga clic en la flecha que apunta hacia la izquierda a la izquierda del menú para responder al mensaje.

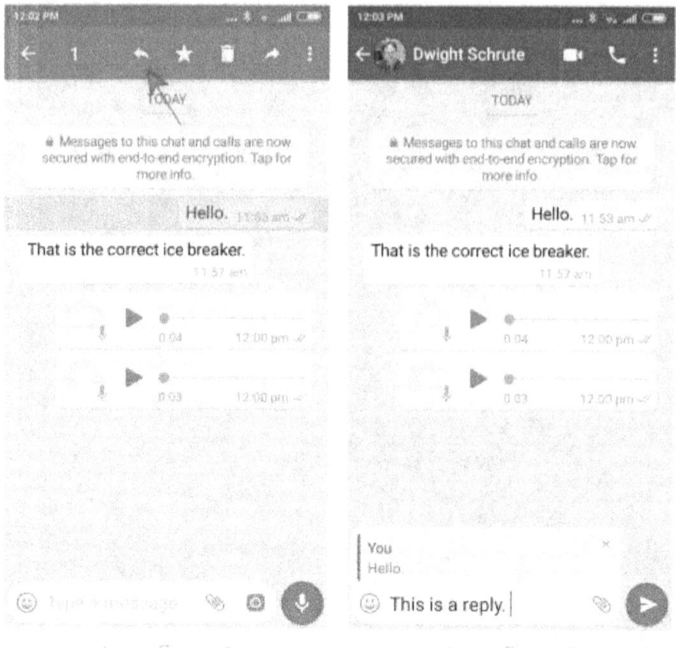

Para reenviar un mensaje en su teléfono inteligente Android, mantenga presionado el mensaje que desea reenviar. Esto revela un menú en la parte superior de la pantalla. Seleccione el botón de flecha que apunta hacia la derecha a la derecha del menú. Esto abre sus contactos a quienes puede reenviar su mensaje. Puede reenviar su mensaje a 20 contactos a la vez si no se encuentra en la India. Si está en la India, está limitado a 5 contactos a la vez.

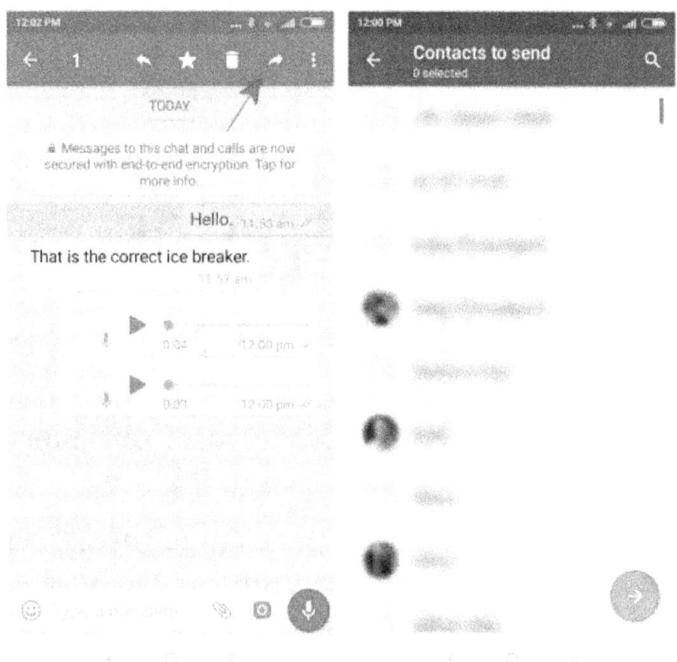
TODAY
Messages to this chat and calls are now secured with end-to-end encryption. Tap for more info.
Hello.
That is the correct ice breaker.
Contacts to send
0 selected

BÚSQUEDA DE MENSAJES

Mi amigo compartió información importante hace unos meses. ¿Hay alguna forma de buscar esta información y encontrarla en nuestro chat?

Puede buscar mensajes en cualquier chat que desee. Para hacer esto en su iPhone, comience a escribir las palabras que desea buscar en la barra de búsqueda en la pantalla de chat. Esto buscará todos sus mensajes y le dará todos los mensajes con palabras coincidentes. También mostrará nombres de contactos o grupos con la palabra de consulta.

Para hacer lo mismo en el teléfono inteligente Android, haga clic en la lupa en la parte superior derecha de la pantalla para revelar la barra de búsqueda similar a la del iPhone. Escriba la palabra que está buscando para obtener mensajes, nombres de contactos y nombres de grupos con consultas coincidentes.

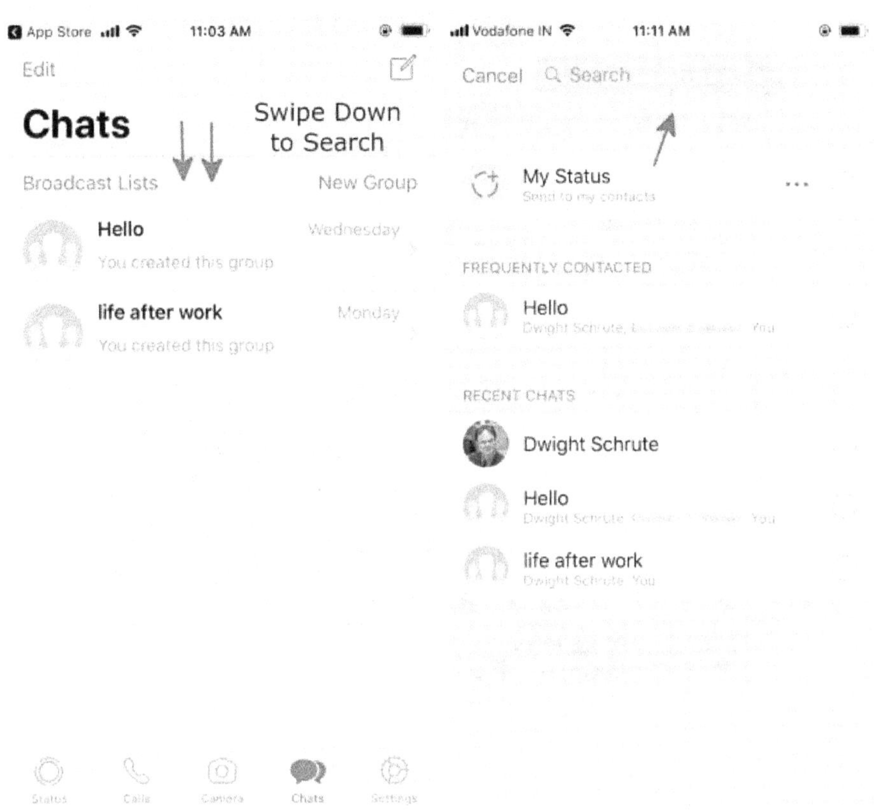
App Store
11:03 AM
Edit
Chats
Swipe Down
to Search
Broadcast Lists
New Group
Hello
Wednesday
You created this group
life after work
Monday
You created this group
Status
Calls
Camera
Chats
Settings
Vodafone IN
11:11 AM
Cancel
Search
My Status
Send to my contacts
FREQUENTLY CONTACTED
Hello
Dwight Schrute, You
RECENT CHATS
Dwight Schrute
Hello
Dwight Schrute, You
life after work
Dwight Schrute, You

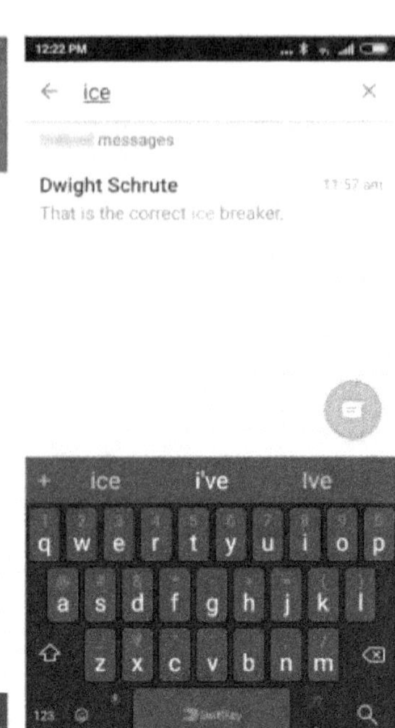

MENSAJES DESTACADOS

¿Hay alguna forma de guardar mensajes para no tener que buscar el mensaje en un chat?

Sí, puede "Destacar" un mensaje y acceder a él más tarde en el menú "Destacados". Mantén presionado el mensaje que deseas guardar. En su iPhone, haga clic en el ícono de estrella en el menú que aparece. Del mismo modo, en su teléfono inteligente Android, haga clic en el icono de la estrella en el menú que se muestra en la parte superior de la pantalla.

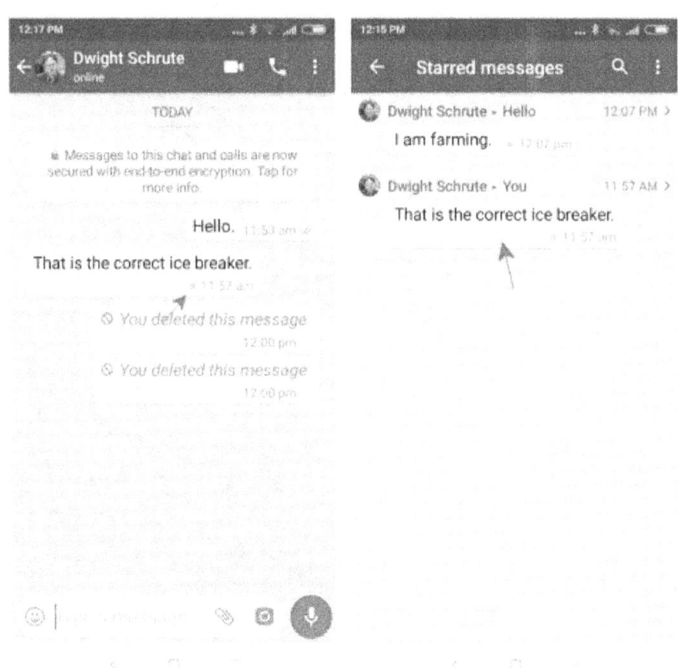

Para ver los mensajes destacados en su iPhone, haga clic en Configuración en la parte inferior derecha de la pantalla y haga clic en el botón "Mensajes destacados". En su teléfono inteligente Android, haga clic en el menú de 3 botones en la parte superior derecha de la pantalla y haga clic en el botón "Mensajes destacados" para acceder a sus mensajes destacados.

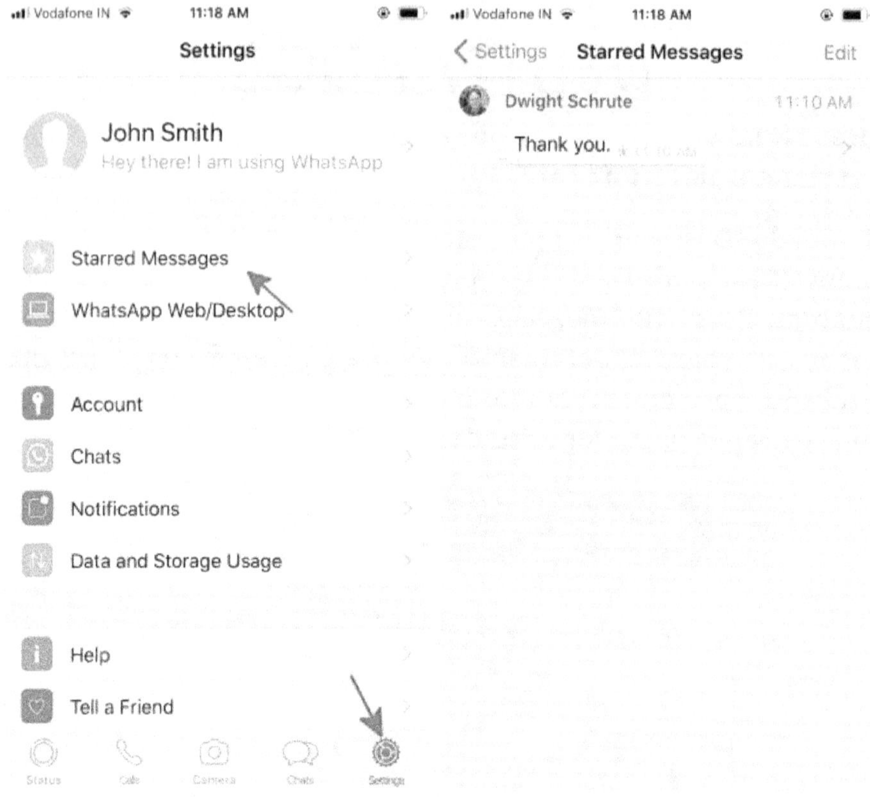

MODIFICACIONES DE TEXTO

¿Sabía que puede modificar la forma en que aparece el texto en sus mensajes de WhatsApp?

Puede poner el texto en **negrita** simplemente colocando el texto entre *(Ingrese texto aquí)*
Por ejemplo, si desea que las palabras WhatsApp Messenger en negrita, escriba como * WhatsApp Messenger * ¡Se mostrará como **WhatsApp Messenger**!

Puede poner el texto en *cursiva* simplemente colocando el texto entre _(Ingrese texto aquí)_
Por ejemplo, si desea poner las palabras WhatsApp Messenger en cursiva, lo escribirá como _WhatsApp Messenger_ ¡se mostrará como *WhatsApp Messenger*!

Puedes hacer el tachado simplemente colocando el texto entre ~ (Ingrese texto aquí) ~
Por ejemplo, si desea poner las palabras WhatsApp Messenger en negrita, las escribirá como ~ WhatsApp Messenger ~ ¡Se mostrará como ~~WhatsApp Messenger~~!

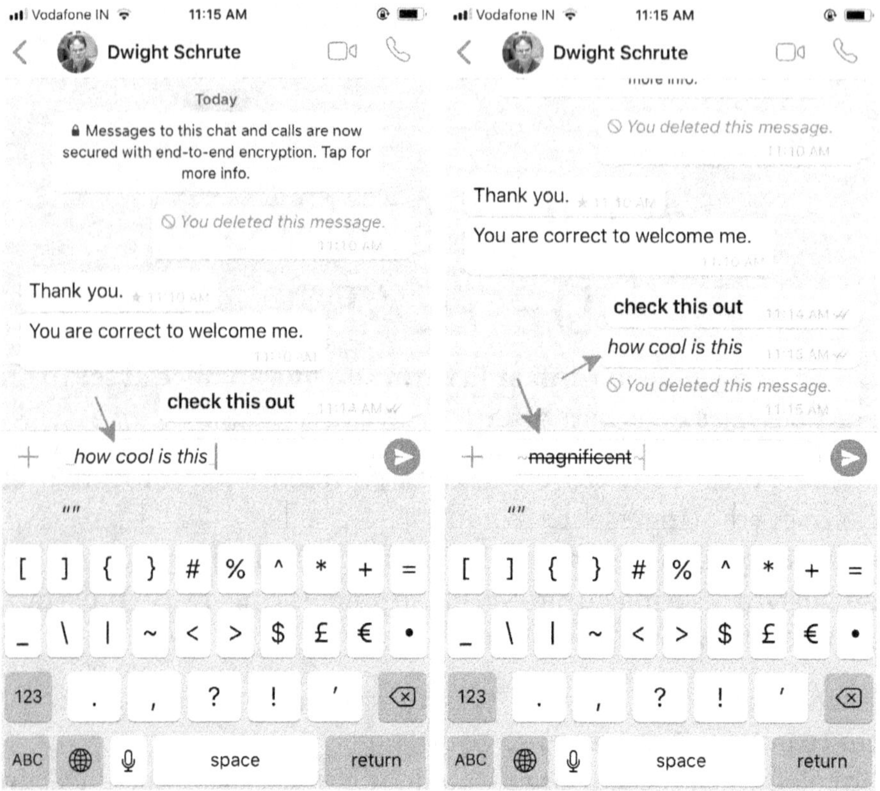

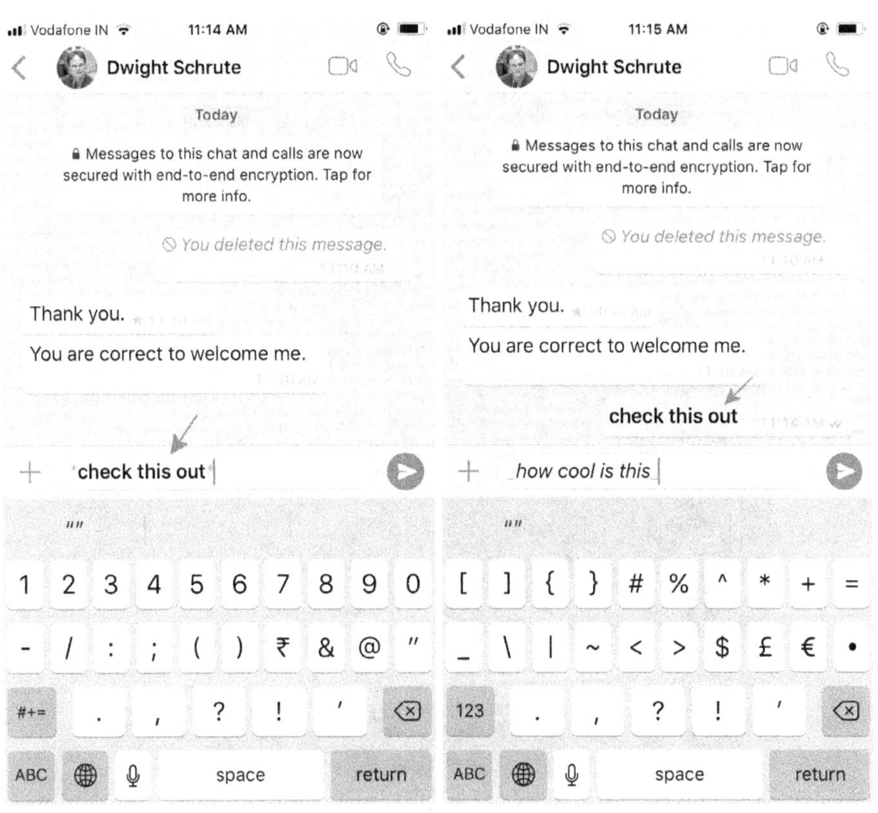
Thank you.
You are correct to welcome me.
check this out
how cool is this

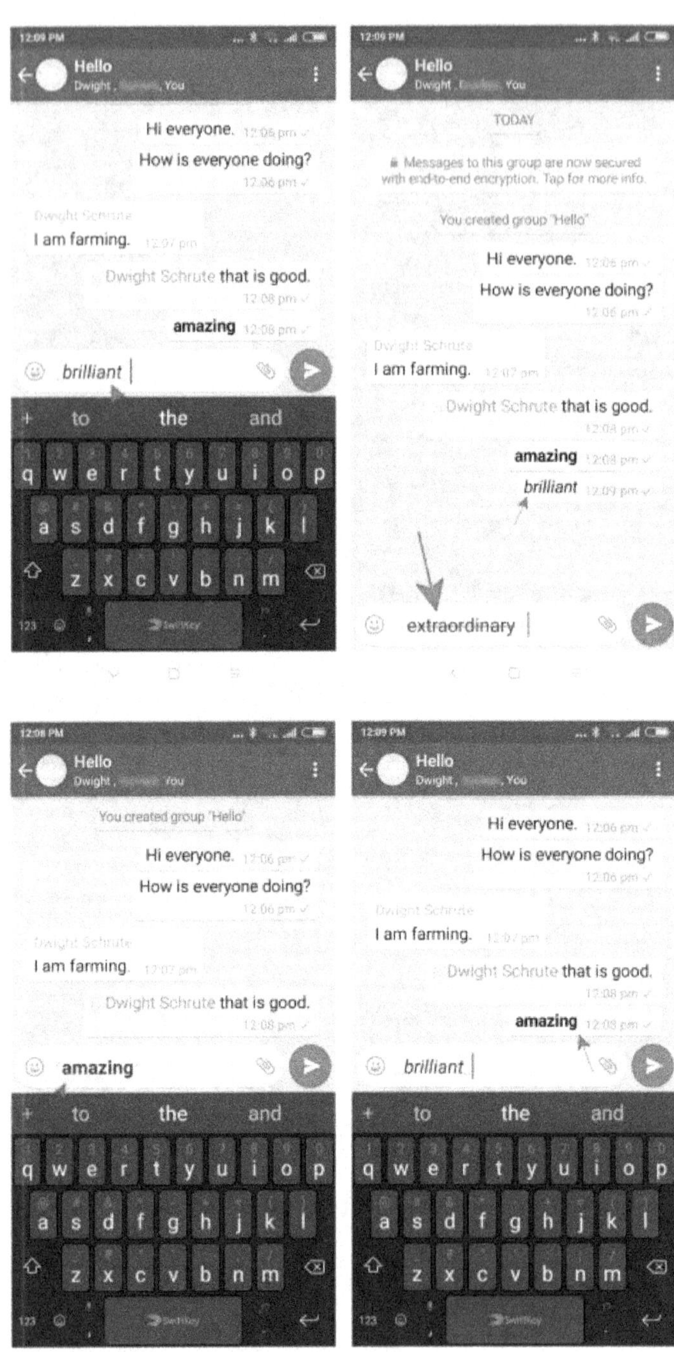

PIN CHATS

Hay algunos amigos con los que chateo regularmente. No quiero buscar su chat todos los días. ¿Hay alguna forma de anclar sus chats para poder acceder a ellos fácilmente?

iPhone:

Sí, puede anclar los chats que permanecen en la parte superior de su lista de chats. Puede anclar un máximo de 3 chats. Para anclar chats en su iPhone, deslice el dedo hacia la derecha en el chat que desea anclar. Al deslizar el dedo, haga clic derecho en el botón de anclar para anclar el chat.

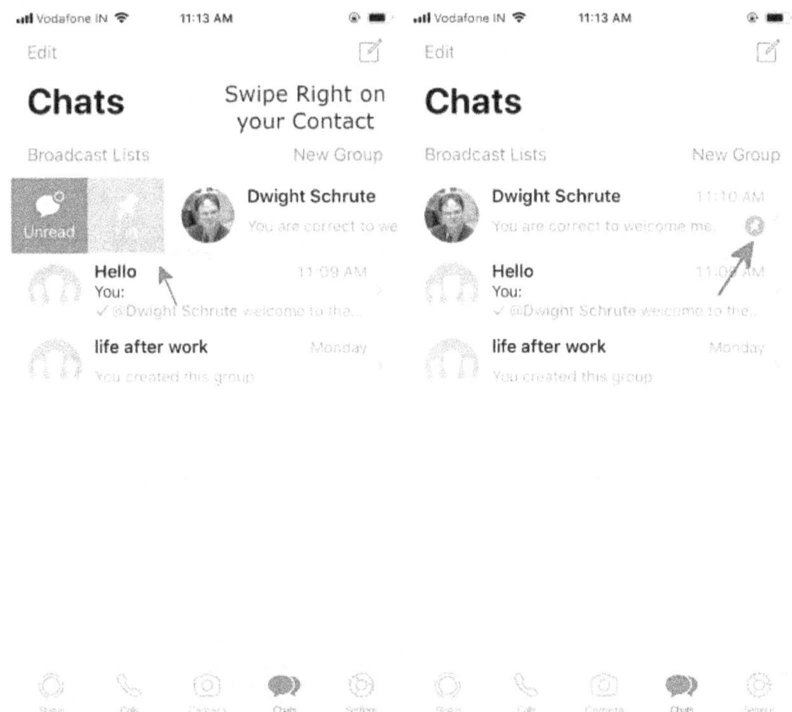

Android:

Para hacer lo mismo en su teléfono inteligente Android, mantenga presionado el chat que desea anclar y haga clic en el botón de anclar en el menú que aparece en la parte superior de la pantalla. El botón de alfiler es el icono situado más a la izquierda en el menú superior.

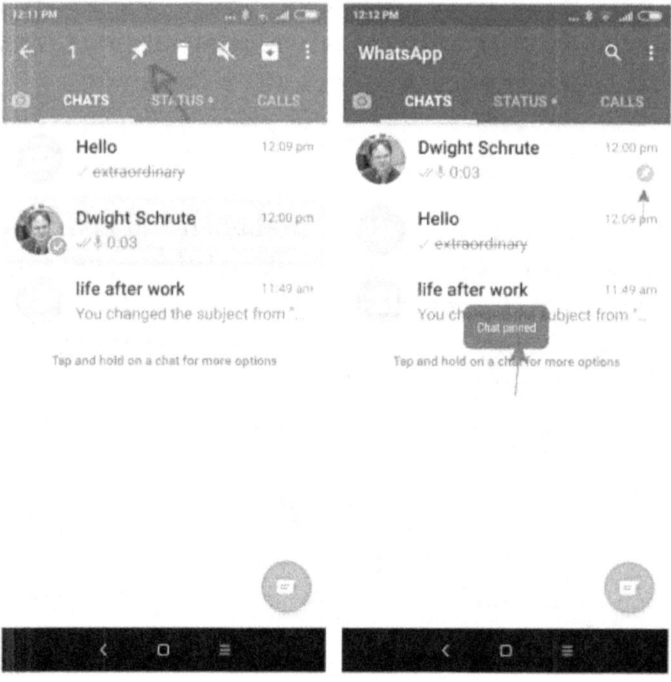

Hay una función adicional en el teléfono inteligente Android para acceder rápidamente al chat de su mejor amigo. Puede crear un acceso directo al chat de su amigo en su pantalla de inicio, lo que le permite saltar directamente al chat de su mejor amigo. Para hacer esto, vaya a la pantalla de chat del amigo para el que desea crear un acceso directo. Aquí haga clic en el menú de 3 puntos en la parte superior derecha de la pantalla. Haga clic en "Más" y luego haga clic en "Agregar acceso directo" y "Agregar automáticamente". Se creará un botón con la foto de perfil de su amigo en su pantalla de inicio. ¡Puedes hacer clic en él para saltar directamente a tu chat!

¡Ahora tus mejores amigos están a solo un clic de distancia!

MENSAJES DE DIFUSIÓN

Tengo una fiesta que estoy planeando y quiero informar a todos mis amigos. ¿Puedo enviar el mismo mensaje a todos mis amigos simultáneamente? ¡Es realmente engorroso enviar el mismo mensaje a todos y cada uno de mis amigos!

En primer lugar, ¿tienes una fiesta y no recibí una invitación? Lo dejaré pasar esta vez ��

Para la próxima vez que tengas una fiesta puedes usar la funcionalidad de transmisión de WhatsApp para enviar el mismo mensaje a una gran cantidad de contactos.

iPhone:

Para crear una lista de transmisión en su iPhone, haga clic en "Listas de transmisión" en la parte superior derecha de la pantalla de chat y seleccione todos los contactos que desea agregar a la lista de transmisión. Una vez que haya terminado, haga clic en "Crear" en la parte superior derecha de la pantalla. Desde aquí haga clic en la lista de transmisión y envíe el mensaje que desea enviar a todos ellos.

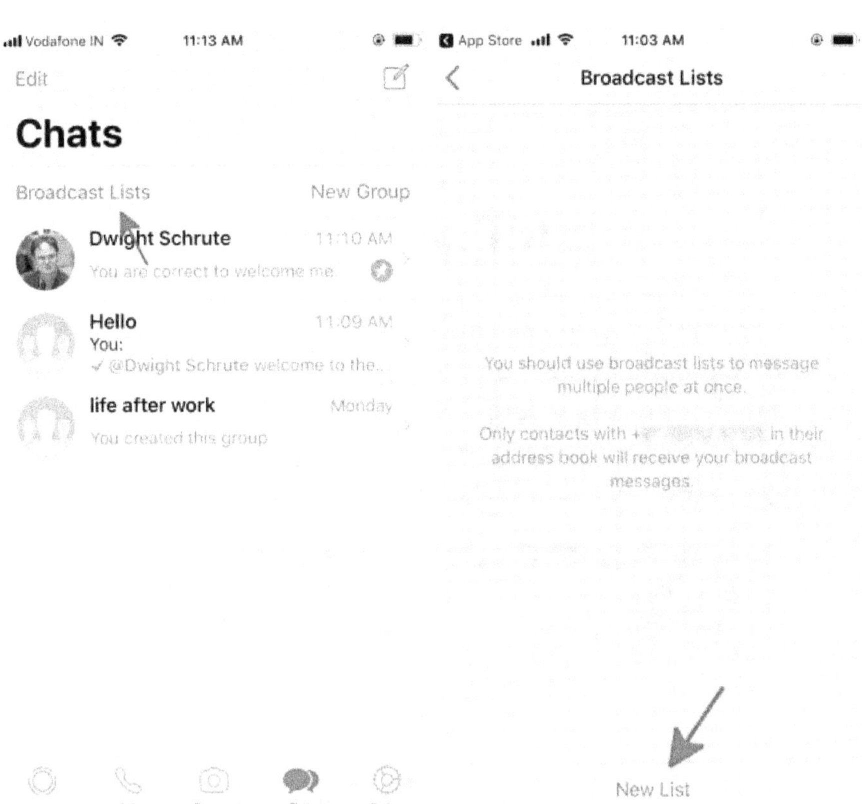
Vodafone IN
11:13 AM
Edit
Chats
Broadcast Lists
New Group
Dwight Schrute
11:10 AM
You are correct to welcome me.
Hello
11:09 AM
You:
@Dwight Schrute welcome to the..
life after work
Monday
You created this group
Status
Calls
Camera
Chats
Settings
App Store
11:03 AM
Broadcast Lists
You should use broadcast lists to message
multiple people at once.
Only contacts with +   in their
address book will receive your broadcast
messages.
New List

ANDROID:

Para crear una lista de transmisión en su teléfono inteligente Android, haga clic en el menú de 3 puntos en la parte superior derecha de la pantalla y seleccione "Nueva transmisión". Seleccione todos los contactos que desea agregar a su lista de transmisión y envíeles el mensaje que desea transmitir.

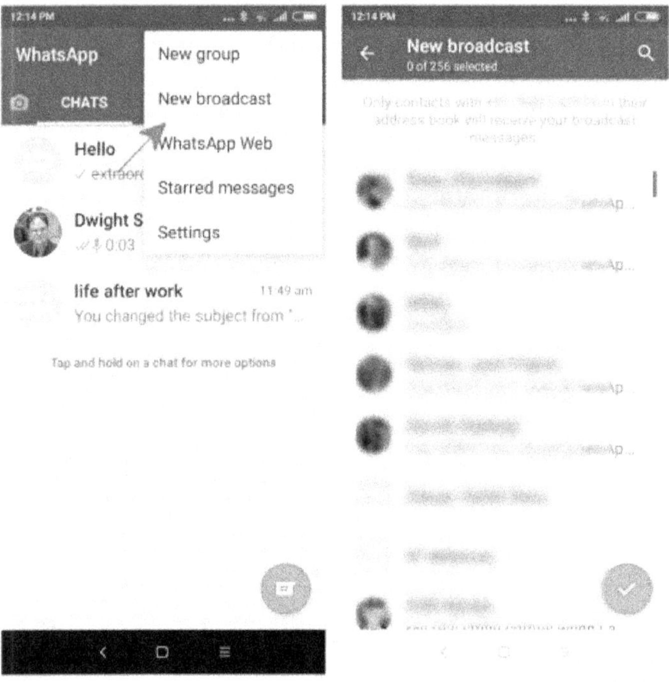

¡Felicidades! Se han enviado todas tus invitaciones. ¡Espero que todos lleguen a tu fiesta!

CAMBIAR EL FONDO DE PANTALLA

Me gustaría personalizar el fondo de pantalla de mis chats. ¿Cómo hago para hacer eso?

iPhone:

En su iPhone, haga clic en configuración en la parte inferior derecha de la pantalla y haga clic en Chats. En el menú Configuración de chats, seleccione la opción Fondo de pantalla de Chats. Aquí puede seleccionar de la biblioteca de fondos de pantalla, colores sólidos o imágenes de su galería para establecer como fondo de pantalla de chat.

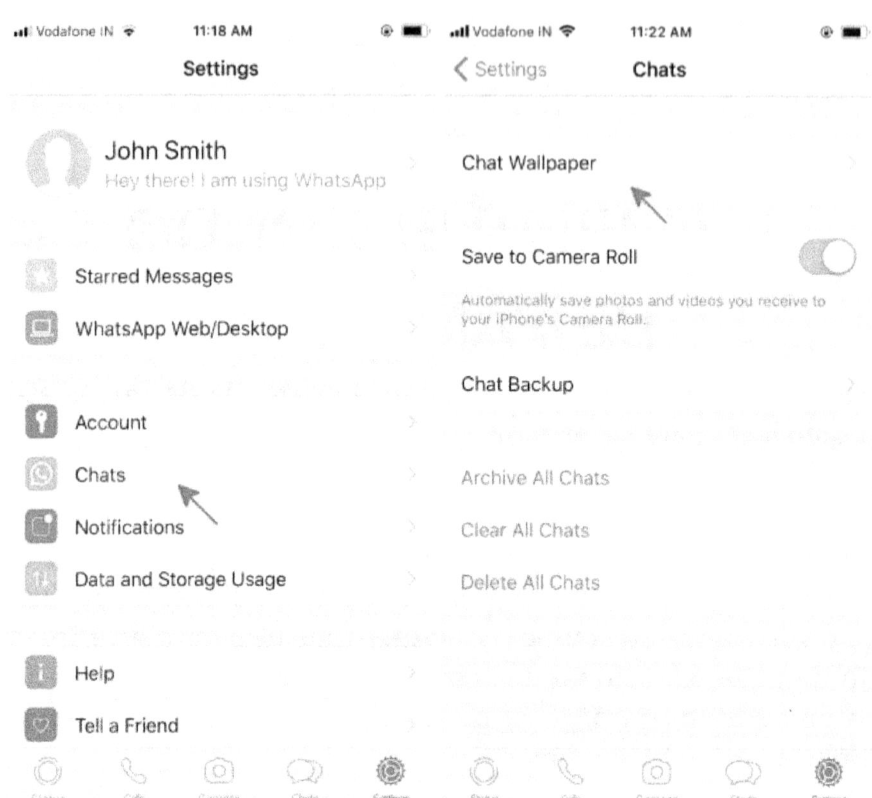

Android:

Para cambiar el fondo de pantalla de su chat en su teléfono inteligente Android, seleccione el chat cuyo fondo de pantalla desea cambiar. Haga clic en el menú de 3 puntos en la parte superior derecha de la pantalla y seleccione "Fondo de pantalla". Desde aquí puede seleccionar entre Biblioteca de fondos de pantalla, Colores sólidos o Imágenes de su galería para establecer como fondo de pantalla de chat.

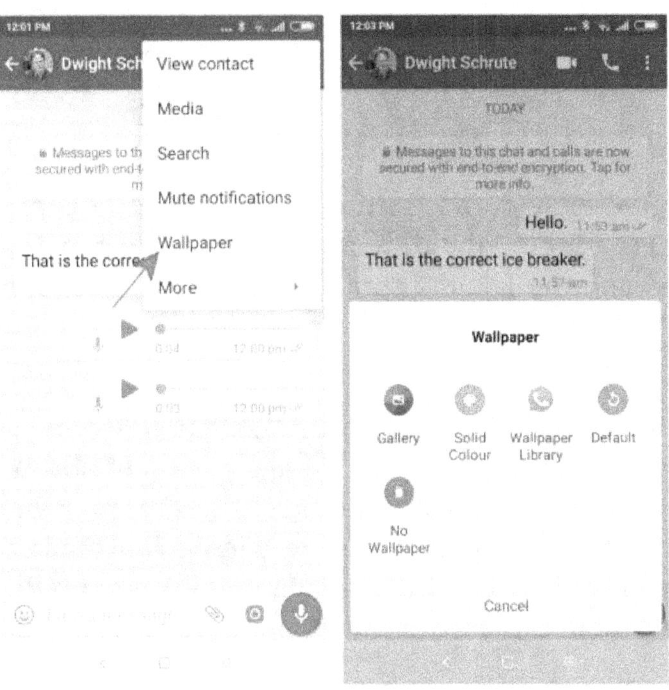

CONFIGURACIÓN DE DESCARGA AUTOMÁTICA DE MEDIOS

Tengo un plan de datos limitado y me gustaría controlar las fotos y los videos que descargo a mi teléfono. ¿Hay alguna forma de cambiar la configuración de descarga automática de medios?

iPhone:

En su iPhone, haga clic en el botón Configuración en la esquina inferior derecha de la pantalla y haga clic en el botón "Uso de datos y almacenamiento". Aquí puede seleccionar los medios que desea configurar para que se descarguen automáticamente en datos móviles y los formatos de medios que no desea descargar automáticamente en datos móviles.

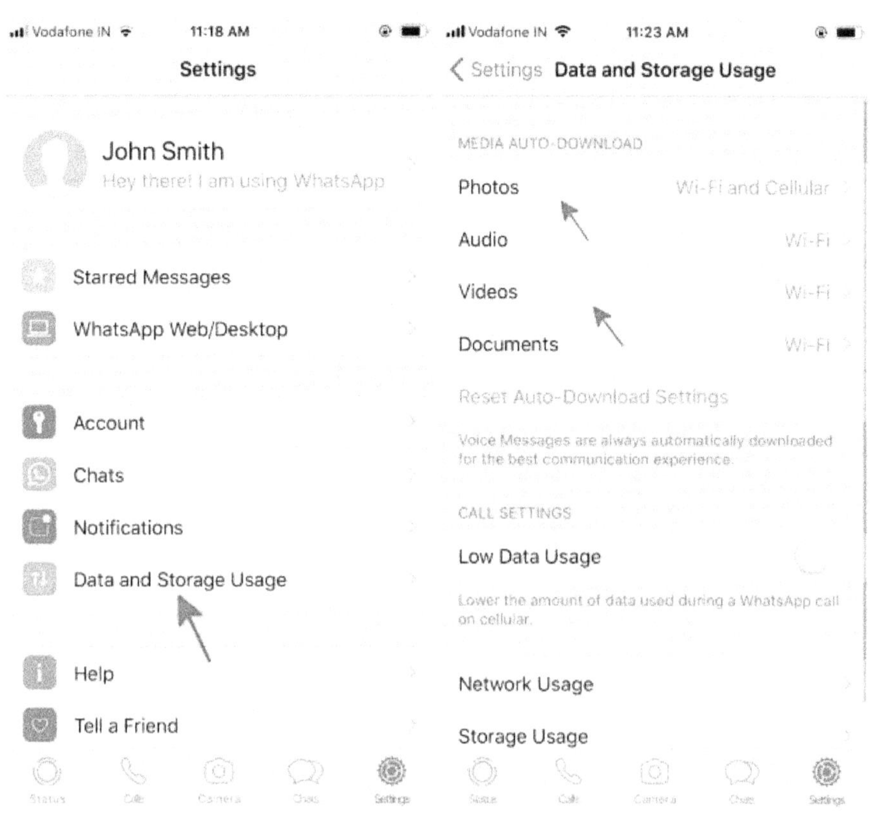
Vodafone IN 11:18 AM
Settings
John Smith
Hey there! I am using WhatsApp
Starred Messages
WhatsApp Web/Desktop
Account
Chats
Notifications
Data and Storage Usage
Help
Tell a Friend
Status Calls Camera Chats Settings
Vodafone IN 11:23 AM
Settings Data and Storage Usage
MEDIA AUTO-DOWNLOAD
Photos Wi-Fi and Cellular
Audio Wi-Fi
Videos Wi-Fi
Documents Wi-Fi
Reset Auto-Download Settings
Voice Messages are always automatically downloaded for the best communication experience.
CALL SETTINGS
Low Data Usage
Lower the amount of data used during a WhatsApp call on cellular.
Network Usage
Storage Usage
Status Calls Camera Chats Settings

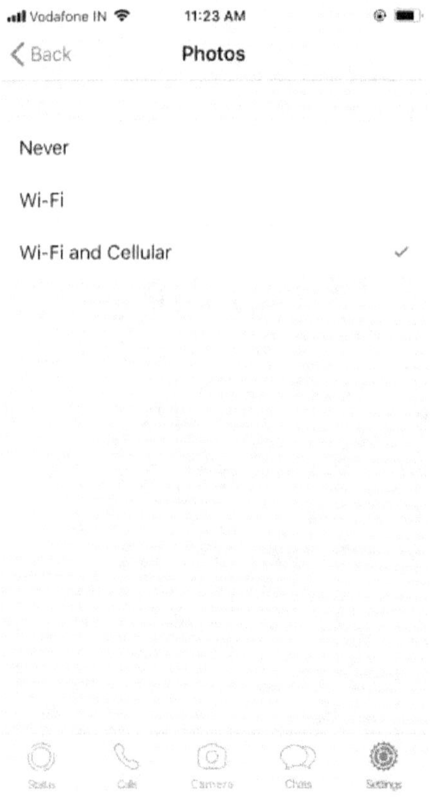

‹ Back **Photos**	**‹** Back **Videos**
Never	Never
Wi-Fi	Wi-Fi ✓
Wi-Fi and Cellular ✓	Wi-Fi and Cellular

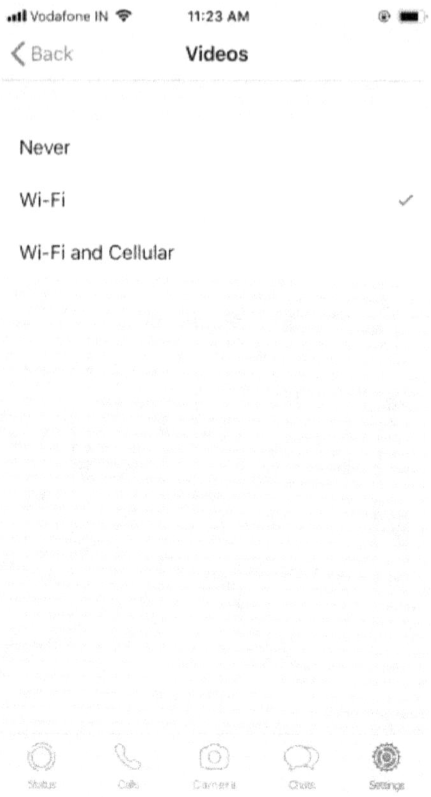

Android:

De manera similar, en su teléfono inteligente Android, puede ir al menú Configuración haciendo clic en el menú de 3 botones en la parte superior derecha de la pantalla y seleccionar el botón "Uso de datos y almacenamiento". Aquí puede seleccionar los medios que desea configurar para que se descarguen automáticamente en datos móviles y los formatos de medios que no desea descargar automáticamente en datos móviles.

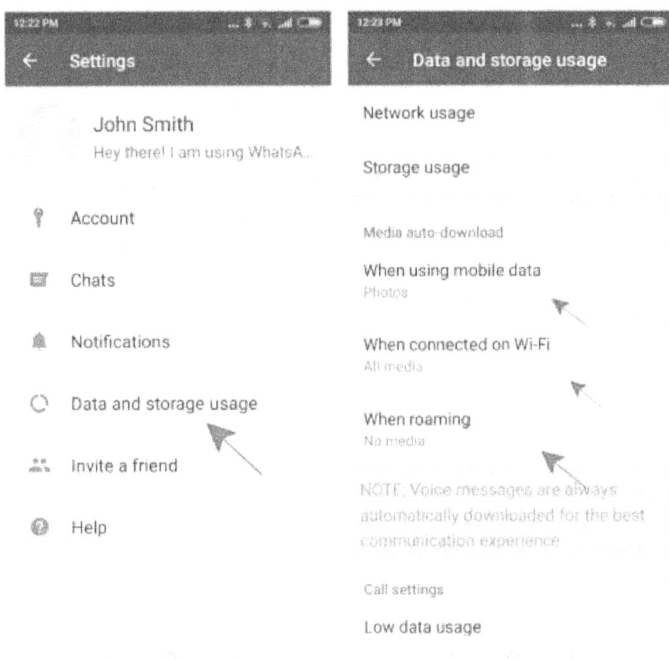

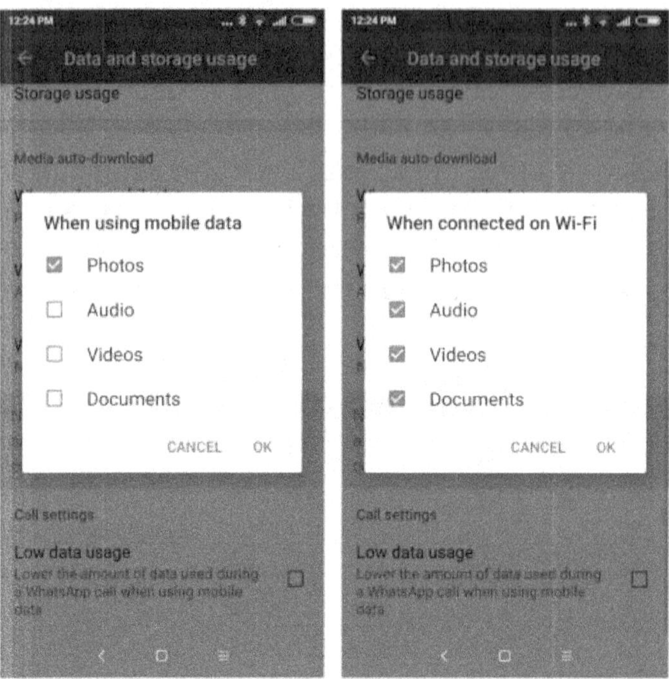
12:24 PM
Data and storage usage
Storage usage
Media auto-download
When using mobile data
Photos
Audio
Videos
Documents
CANCEL   OK
Call settings
Low data usage
Lower the amount of data used during a WhatsApp call when using mobile data

12:24 PM
Data and storage usage
Storage usage
Media auto-download
When connected on Wi-Fi
Photos
Audio
Videos
Documents
CANCEL   OK
Call settings
Low data usage
Lower the amount of data used during a WhatsApp call when using mobile data

BLOQUEAR MENSAJES

He recibido mensajes de spam de un número desconocido. ¿Qué puedo hacer al respecto?

Como la mensajería de WhatsApp es tan popular y fácil de usar, los mensajes de spam son un efecto secundario desafortunado de la popularidad de WhatsApp. Puede hacer dos cosas para contrarrestar esto. Primero puede bloquear el número para que el número no pueda enviarle un mensaje y, en segundo lugar, puede informar el contacto a WhatsApp, que también bloqueará el contacto y eliminará todos los mensajes con ese contacto.

iPhone:

Para bloquear / denunciar un contacto en su iPhone, haga clic en la pestaña Contactos en la parte inferior de la pantalla y desplácese hacia abajo hasta el contacto que desea bloquear. Haga clic en la información de perfil del contacto y haga clic en "Bloquear este contacto"

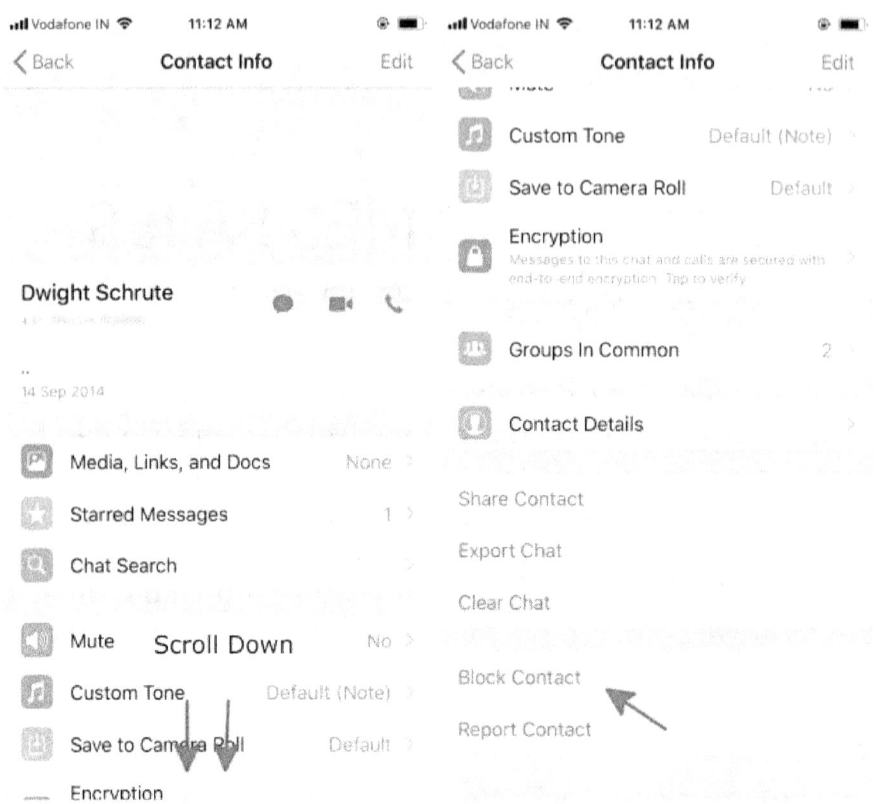
Scroll Down

Android:

Para bloquear / denunciar un contacto en su teléfono inteligente Android, abra el chat del contacto que desea bloquear / denunciar. Haga clic en el menú de tres botones en la parte superior derecha de la pantalla y seleccione "Bloquear" o "Informar" para bloquear o informar al contacto simultáneamente.

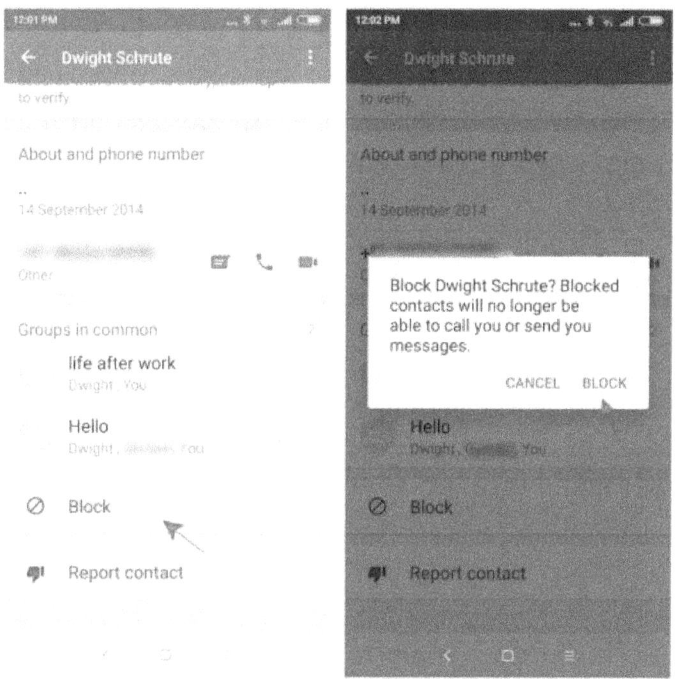

¡No más mensajes de spam innecesarios para ti!

¿Sabía que WhatsApp realiza una copia de seguridad automática de todos sus mensajes en iCloud en su iPhone y en Google Drive en su teléfono inteligente Android? De hecho, ¡incluso puede exportar chats completos a su correo electrónico!

SILENCIAR NOTIFICACIONES

Si está harto de las notificaciones constantes de un contacto, puede silenciar las notificaciones del contacto. Los chats no leídos permanecerán en su pantalla de chat, aunque no recibirá ninguna notificación adicional cuando el contacto le envíe un mensaje nuevo.

iPhone:

Para silenciar las notificaciones en su iPhone, deslice hacia la izquierda en el chat que desea silenciar. Haga clic en el botón "Más" para revelar la opción Silenciar. Aquí puede seleccionar silenciar las notificaciones durante 8 horas, 1 semana o 1 año.

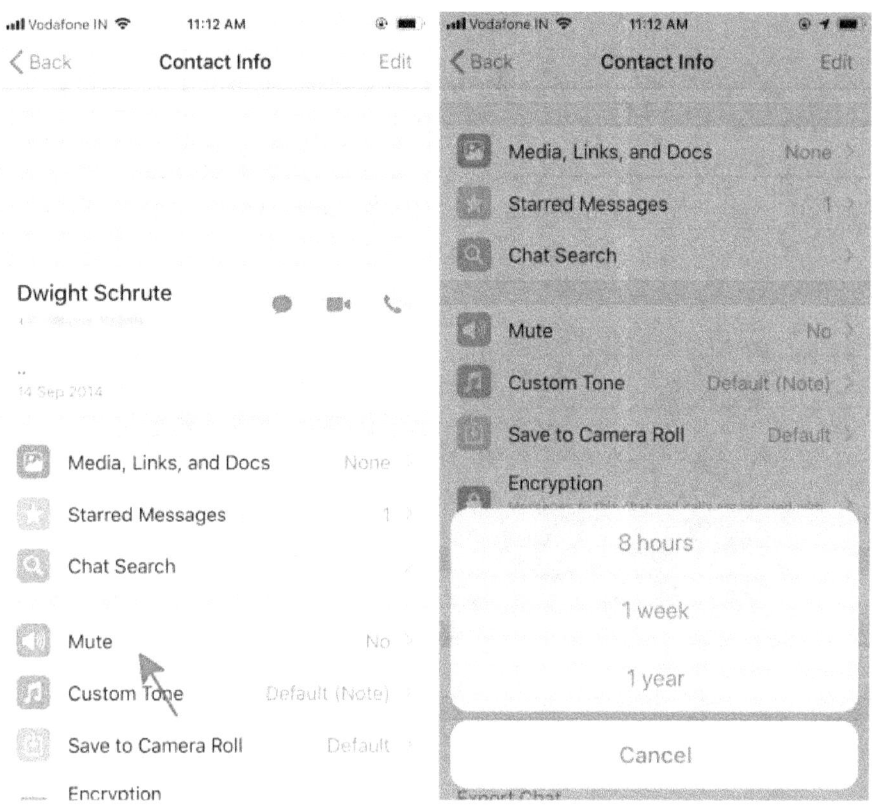

Android:

Para silenciar las notificaciones en su teléfono inteligente Android, haga clic en el chat que desea silenciar. Haga clic en el menú de 3 botones en la parte superior derecha de la pantalla y haga clic en el botón "Silenciar notificaciones". Aquí puede seleccionar silenciar las notificaciones durante 8 horas. 1 semana o 1 año.

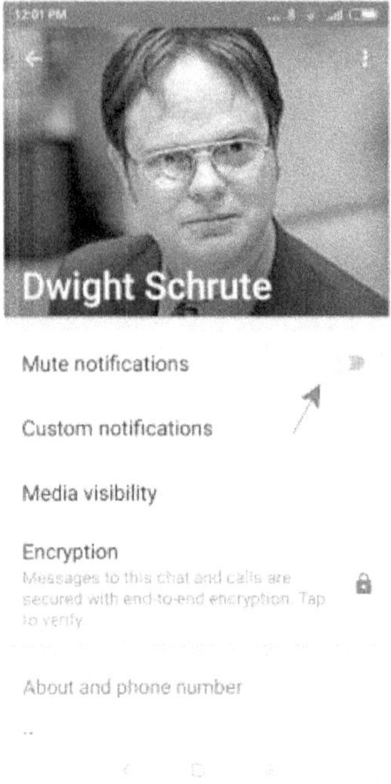

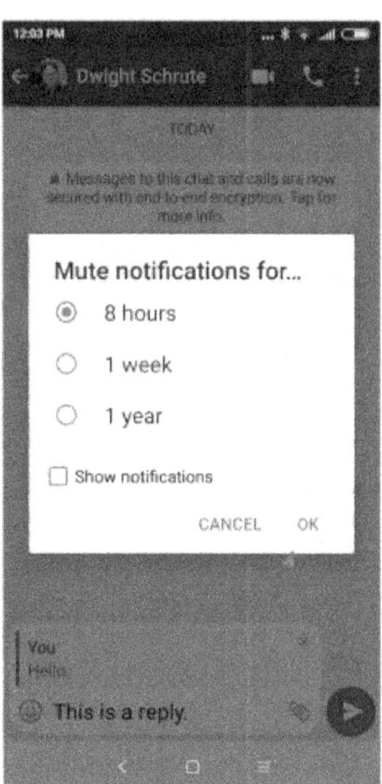

NOTIFICACIONES DE CHAT PERSONALIZADAS

WhatsApp le permite tener notificaciones personalizadas para cada contacto, lo que le permite saber si su mejor amigo lo está llamando a usted oa su jefe con solo el sonido del tono de llamada.

iPhone:

En su iPhone, haga clic en la pestaña "Contactos" y seleccione el contacto para el que desea notificaciones personalizadas. Seleccione la opción "Notificaciones personalizadas" y seleccione el tono de llamada que le gustaría establecer para ese contacto.

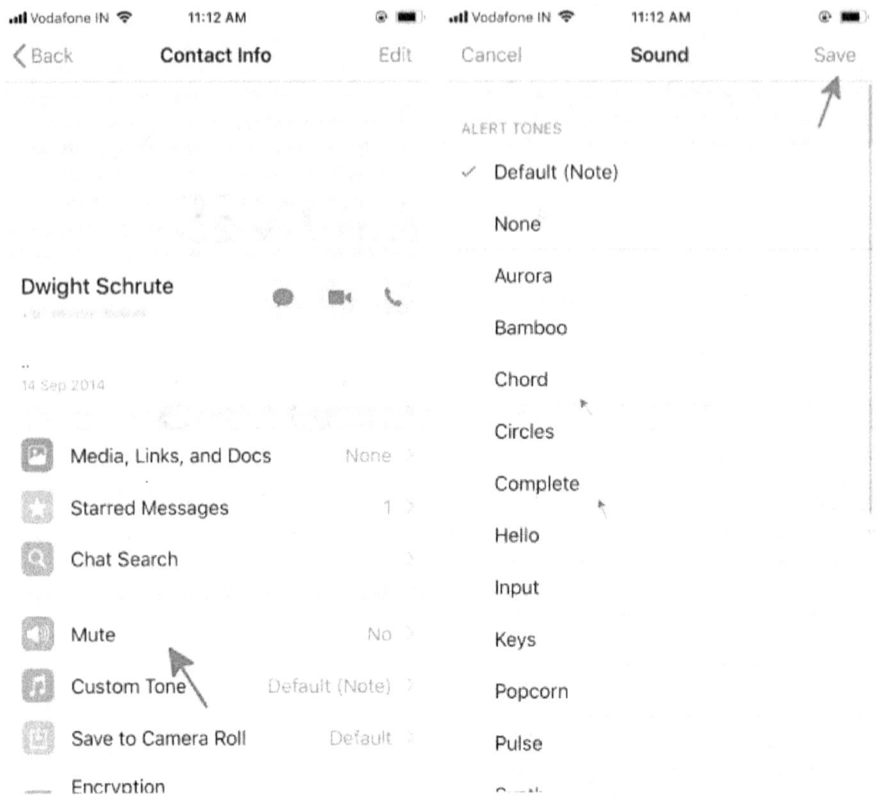
Vodafone IN   11:12 AM
Back   Contact Info   Edit

Dwight Schrute

14 Sep 2014

Media, Links, and Docs   None
Starred Messages   1
Chat Search

Mute   No
Custom Tone   Default (Note)
Save to Camera Roll   Default
Encryption

Vodafone IN   11:12 AM
Cancel   Sound   Save

ALERT TONES
Default (Note)
None
Aurora
Bamboo
Chord
Circles
Complete
Hello
Input
Keys
Popcorn
Pulse

Android:

en su teléfono Android para hacer esto, debe seleccionar el contacto al que desea asignar un tono de llamada personalizado desde su menú de Chat. En el chat, haga clic en el nombre de su contacto y seleccione "Notificaciones personalizadas". Haga clic en la casilla junto a "usar notificaciones personalizadas" para habilitar esta función.

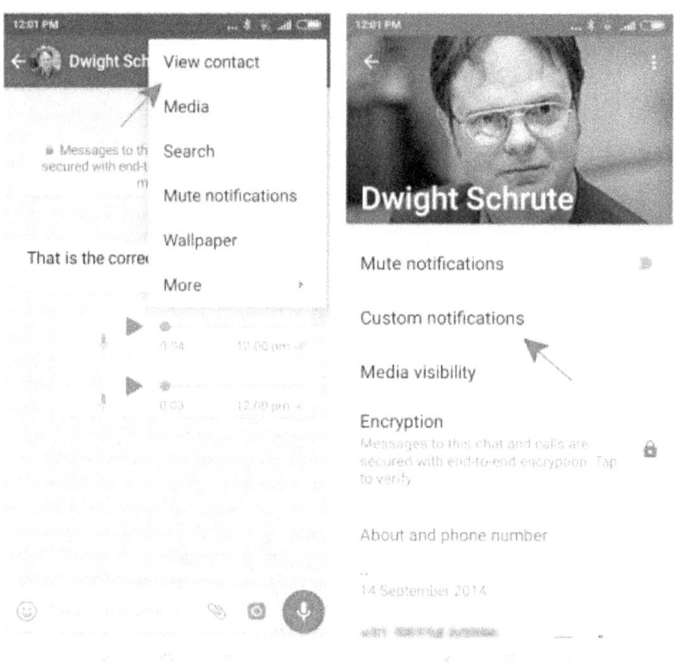

CHAT GRUPAL

¿CÓMO CREO UN GRUPO DE WHATSAPP?

¿Tienes amigos a los que les gusta ver películas de los 80 o amigos que son fanáticos del rock clásico? ¿No sería divertido si pudieras tener a todos estos amigos juntos para discutir tu interés común? ¡Aquí es exactamente donde el chat grupal entra en escena!

iPhone:

Para configurar un nuevo chat grupal en su iPhone, haga clic en el botón Chat en la parte inferior de la pantalla. Aquí haga clic en el botón "Nuevo grupo" en la parte superior derecha de la pantalla. Desde aquí puede seleccionar el nombre del grupo y la foto del grupo. Agregue todos los contactos que desea agregar al grupo. La persona que crea el grupo es el administrador, que puede agregar más miembros o eliminar miembros existentes del grupo.

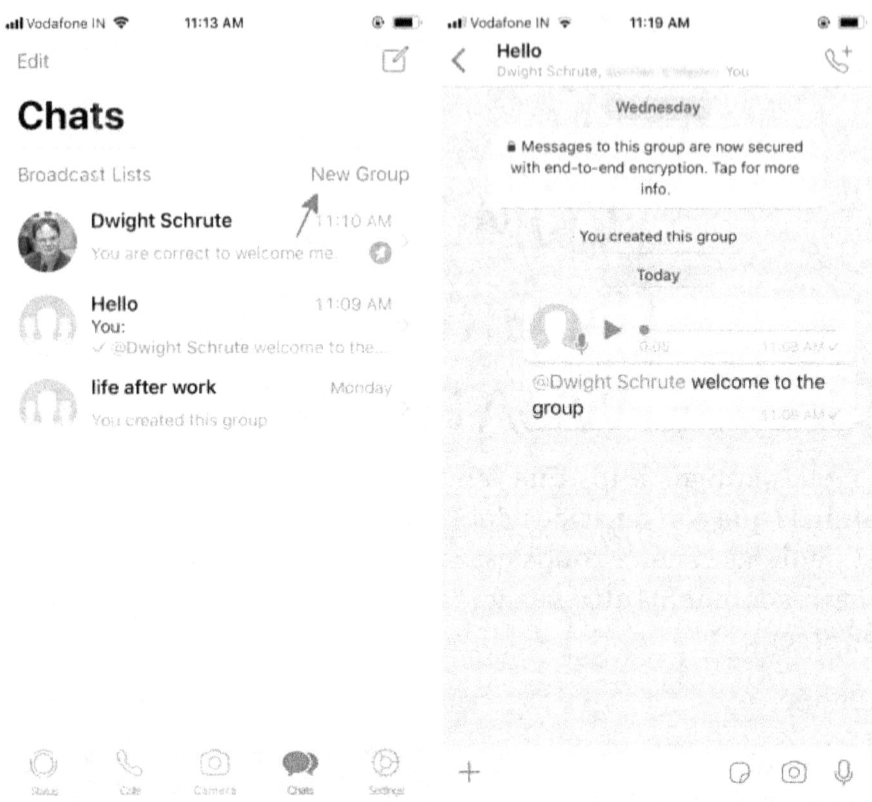
Vodafone IN 11:13 AM
Edit
Chats
Broadcast Lists   New Group
Dwight Schrute   11:10 AM
You are correct to welcome me.
Hello   11:09 AM
You:
✓ @Dwight Schrute welcome to the...
life after work   Monday
You created this group
Status   Calls   Camera   Chats   Settings

Vodafone IN 11:19 AM
Hello
Dwight Schrute, You
Wednesday
Messages to this group are now secured with end-to-end encryption. Tap for more info.
You created this group
Today
0:09   11:02 AM
@Dwight Schrute welcome to the group   11:08 AM

Android:

Para configurar un nuevo grupo de chat en su teléfono inteligente Android, haga clic en el menú de 3 botones en la parte superior derecha de la pantalla o en el botón verde en la parte inferior derecha de la pantalla de chat y haga clic en "Nuevo grupo" para configurar un nuevo grupo. Desde aquí puede seleccionar el nombre del grupo y la foto del grupo. Agregue todos los contactos que desea agregar al grupo. La persona que crea el grupo es el administrador, que puede agregar más miembros o eliminar miembros existentes del grupo.

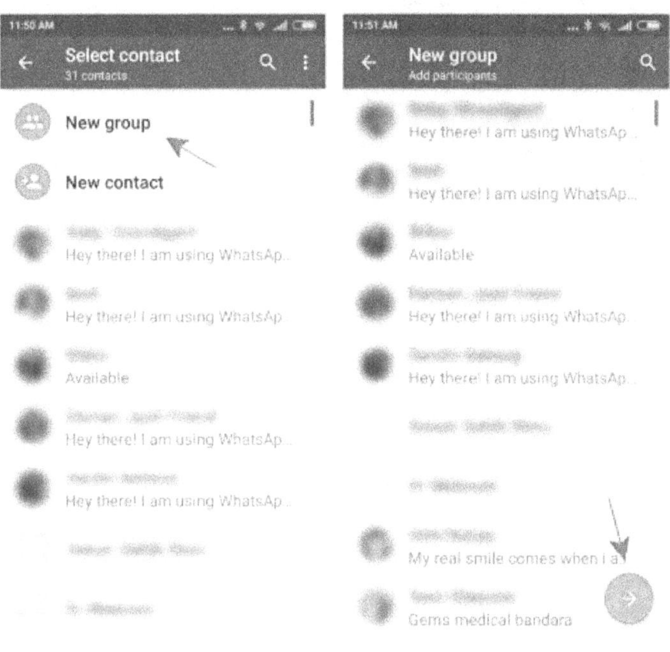

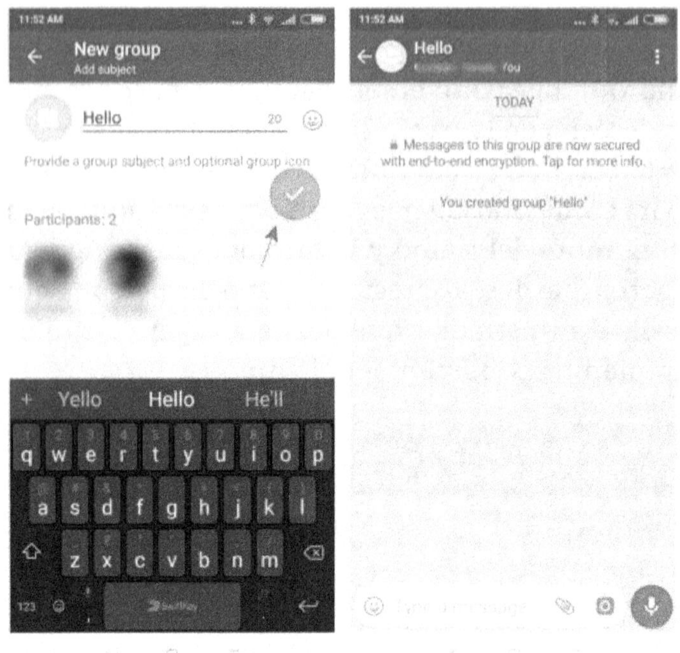
New group
Add subject
Hello
20
Provide a group subject and optional group icon
Participants: 2
Yello   Hello   He'll
Hello
TODAY
Messages to this group are now secured with end-to-end encryption. Tap for more info.
You created group 'Hello'

CAMBIO DE ADMINISTRADOR DE GRUPO

El administrador está demasiado ocupado para agregar y eliminar contactos al grupo. ¿Puede el administrador hacer que otra persona sea el administrador?

Sí, el administrador puede hacer que cualquiera sea el administrador del grupo. De hecho, puede hacer que varias personas sean administradores del grupo. Si usted es el administrador del grupo, haga clic en la información del grupo y haga clic en el contacto que desea convertir en administrador. En el menú que aparece, puede seleccionar "Hacer administrador" para que ese contacto sea el administrador del grupo.

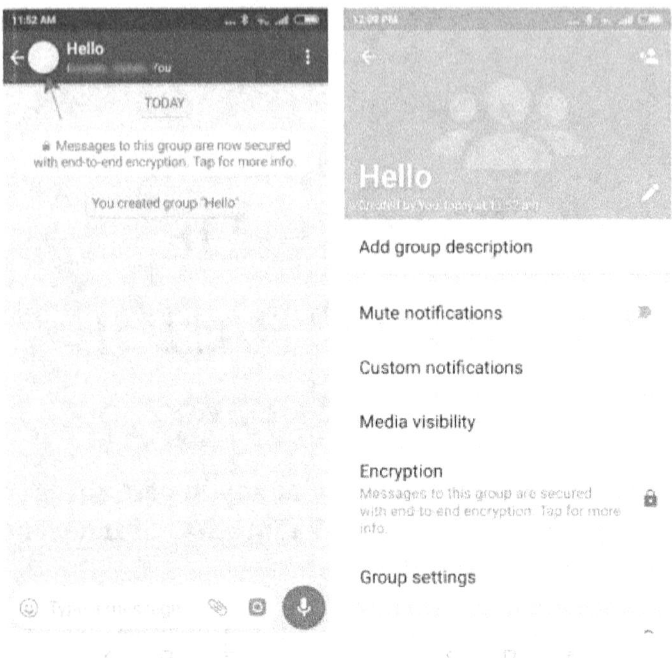
Hello
You
TODAY
Messages to this group are now secured with end-to-end encryption. Tap for more info.
You created group "Hello"
Hello
Add group description
Mute notifications
Custom notifications
Media visibility
Encryption
Messages to this group are secured with end-to-end encryption. Tap for more info.
Group settings

ETIQUETAR UN CONTACTO EN UN CHAT GRUPAL

Mientras chatea en un chat grupal, puede etiquetar cualquier contacto del grupo simplemente escribiendo @ seguido del nombre del contacto. Por ejemplo, si Josh es parte de su grupo de Meetup de fin de semana y desea decirle específicamente a John que traiga la comida, simplemente escriba "@John ¡Por favor, tráenos comida para las almas hambrientas!" John recibe una notificación separada en el chat grupal que le informa que ha sido etiquetado y que puede saltar directamente a ese mensaje.

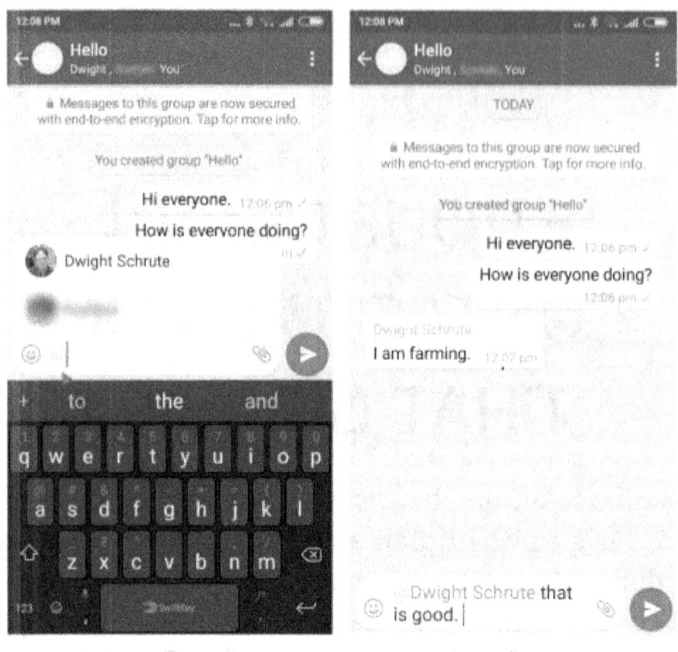

Agregar o eliminar contactos en un grupo de WhatsApp.

Desde el menú de información del grupo también puede eliminar el contacto del grupo haciendo clic en el contacto que desea eliminar y seleccionando la opción eliminar contacto en el menú que aparece.

En la misma pantalla puede hacer clic en "Agregar participantes" para agregar contactos al grupo.

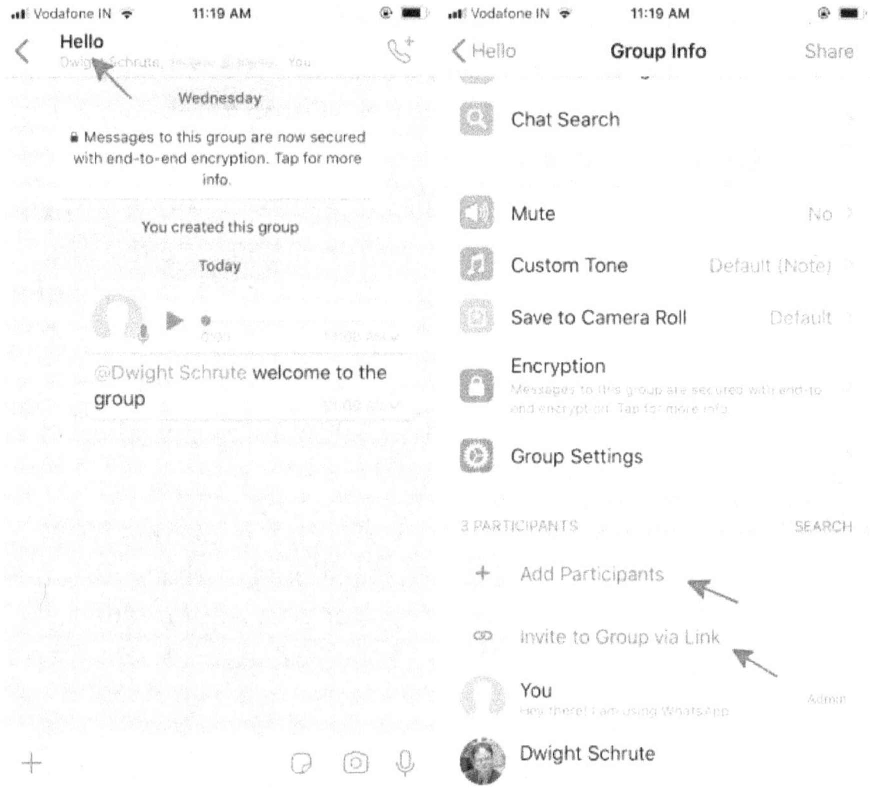

SILENCIAR NOTIFICACIONES DE GRUPO

¡¡¡Mis amigos me han agregado a tantos grupos!!! ¡No puedo manejar los cientos de notificaciones! ¿Cómo detengo las notificaciones?

No se preocupe, detener las notificaciones de los chats grupales es muy simple y ninguno de los miembros del grupo lo sabrá. El proceso de silenciar un chat grupal es el mismo que para silenciar un chat individual.

Los chats no leídos permanecerán en su pantalla de chat, aunque no recibirá ninguna notificación adicional cuando el contacto le envíe un mensaje nuevo.

Para silenciar las notificaciones en su iPhone, deslice hacia la izquierda en el chat grupal que desea silenciar. Haga clic en el botón "Más" para revelar la opción Silenciar. Aquí puede seleccionar silenciar las notificaciones durante 8 horas, 1 semana o 1 año.

Para silenciar las notificaciones en su teléfono inteligente Android, haga clic en el chat grupal que desea silenciar. Haga clic en el menú de 3 botones en la parte superior derecha de la pantalla y haga clic en el botón "Silenciar notificaciones". Aquí puede seleccionar silenciar las notificaciones durante 8 horas, 1 semana o 1 año.

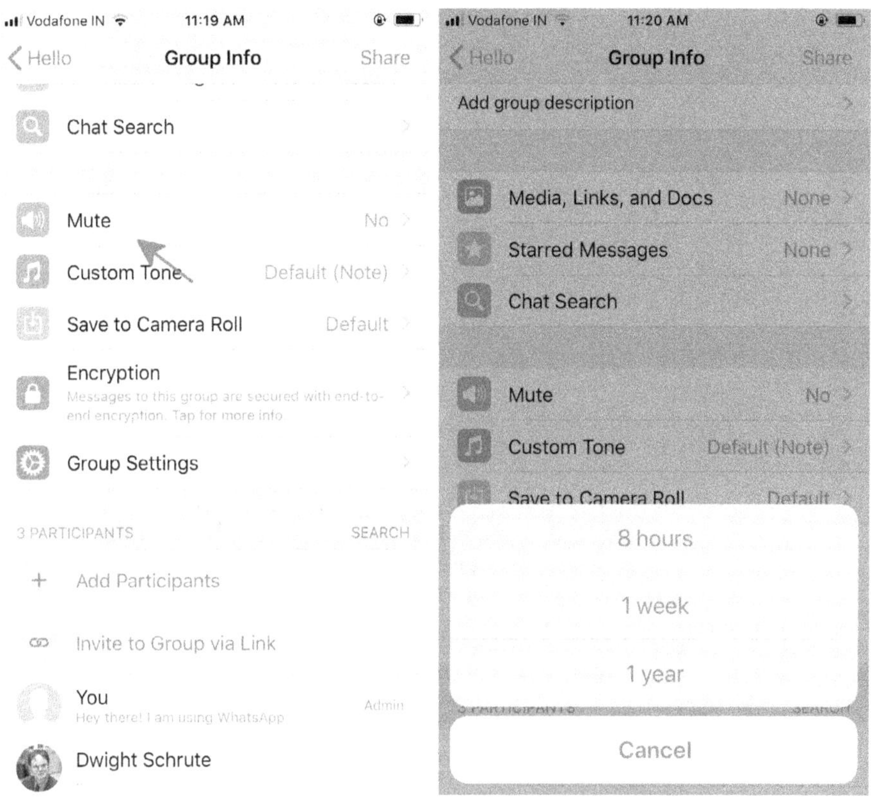
Vodafone IN   11:19 AM
Hello   Group Info   Share
Chat Search
Mute   No
Custom Tone   Default (Note)
Save to Camera Roll   Default
Encryption
Messages to this group are secured with end-to-end encryption. Tap for more info
Group Settings
3 PARTICIPANTS   SEARCH
Add Participants
Invite to Group via Link
You   Admin
Hey there! I am using WhatsApp
Dwight Schrute
Vodafone IN   11:20 AM
Hello   Group Info   Share
Add group description
Media, Links, and Docs   None
Starred Messages   None
Chat Search
Mute   No
Custom Tone   Default (Note)
Save to Camera Roll   Default
8 hours
1 week
1 year
Cancel

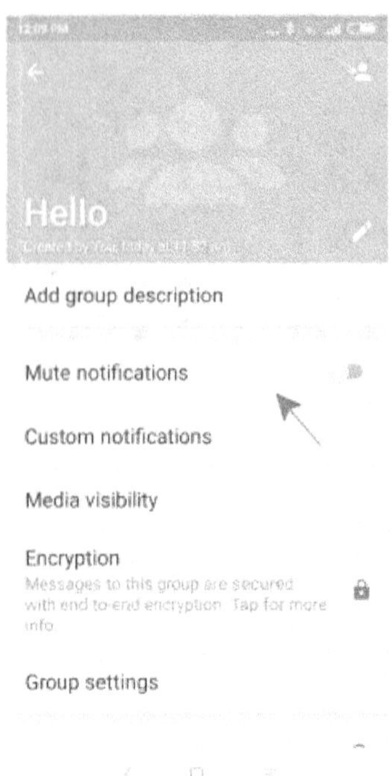

Hello
Add group description
Mute notifications
Custom notifications
Media visibility
Encryption
Messages to this group are secured with end-to-end encryption. Tap for more info.
Group settings

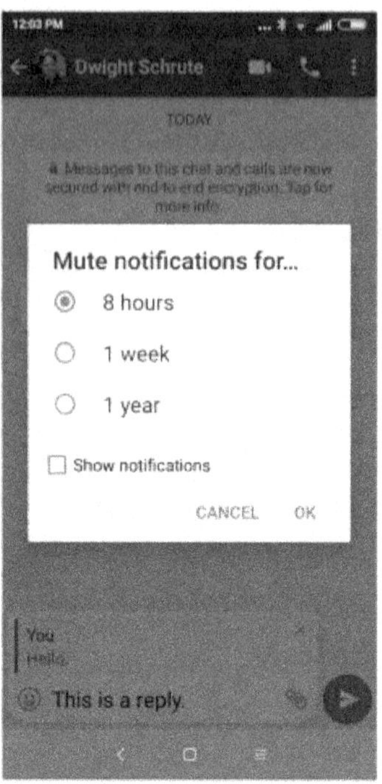

Dwight Schrute
TODAY
Mute notifications for...
8 hours
1 week
1 year
Show notifications
CANCEL   OK
You
Hello
This is a reply.

LLAMADAS DE WHATSAPP

¿QUÉ SON LAS LLAMADAS DE WHATSAPP?

Las llamadas de WhatsApp son un servicio que permite que personas de cualquier parte del mundo se comuniquen entre sí a través de Internet. Puede tener una conversación con hasta 4 personas a la vez y esto se puede hacer mediante llamadas de audio o video. Aparte del costo del uso de datos, no hay ningún costo adicional asociado con este servicio.

¡Entonces podrías estar sentado en Inglaterra y tu amigo podría estar sentado en Australia y podrías tener una conversación gratis!

¿EN QUÉ SE DIFERENCIAN LAS LLAMADAS DE WHATSAPP DE LAS LLAMADAS TELEFÓNICAS ESTÁNDAR?

Las llamadas telefónicas estándar tienen un costo cobrado por el operador por cada minuto de llamada realizada. Hay costos de roaming adicionales cuando no se encuentra en su país o estado de origen o si desea llamar a alguien fuera de su país. Aquí es donde las llamadas de WhatsApp son útiles. Solo necesita una conexión a Internet para realizar una llamada.

WhatsApp también proporciona un proceso muy conveniente de videollamadas con hasta 4 amigos simultáneamente. Además, las llamadas de WhatsApp le permiten realizar videollamadas a cualquier persona, independientemente del teléfono que utilicen, siempre que tengan WhatsApp instalado. Los usuarios de iPhone pueden llamar a los usuarios de Android y viceversa y, por supuesto, los usuarios de iPhone pueden los usuarios de iPhone y los usuarios de Android pueden llamar a los usuarios de Android.

HACER UNA LLAMADA DE WHATSAPP

Ok Estoy listo para llamar a mi amigo en WhatsApp. ¿Cómo hago para hacer eso?

iPhone:

En su iPhone, abra WhatsApp y navegue hasta el amigo al que desea llamar. Puede hacer esto de tres formas.

1. Seleccionando su conversación de texto con ese amigo y haciendo clic en el logotipo del teléfono en la parte superior de la pantalla. Esto iniciará una llamada de audio. Para iniciar una videollamada, debe hacer clic en el ícono de la cámara grabadora a la izquierda del ícono del teléfono.

2. Para ello, seleccione el ícono del teléfono en la parte inferior de la pantalla para ir a la pestaña de llamadas y seleccione el ícono del teléfono en esa pantalla que se encuentra en la esquina superior derecha. Esto abre su lista de contactos desde la cual puede seleccionar el contacto con el que desea iniciar una llamada de audio.

3. Al hacer clic en la imagen de visualización de su amigo en la pestaña Chat, que le brinda opciones para seleccionar el botón del teléfono para iniciar una llamada de audio y el botón de la cámara de video para iniciar una videollamada

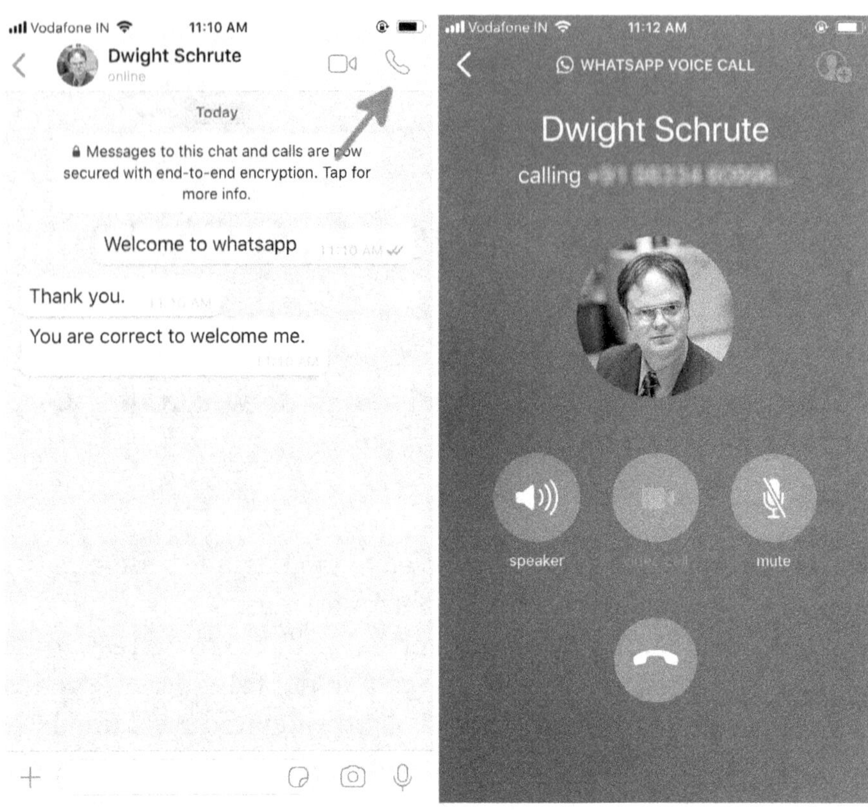
Vodafone IN 11:10 AM
Dwight Schrute
online
Today
Messages to this chat and calls are now secured with end-to-end encryption. Tap for more info.
Welcome to whatsapp 11:10 AM
Thank you.
You are correct to welcome me.
Vodafone IN 11:12 AM
WHATSAPP VOICE CALL
Dwight Schrute
calling
speaker
mute

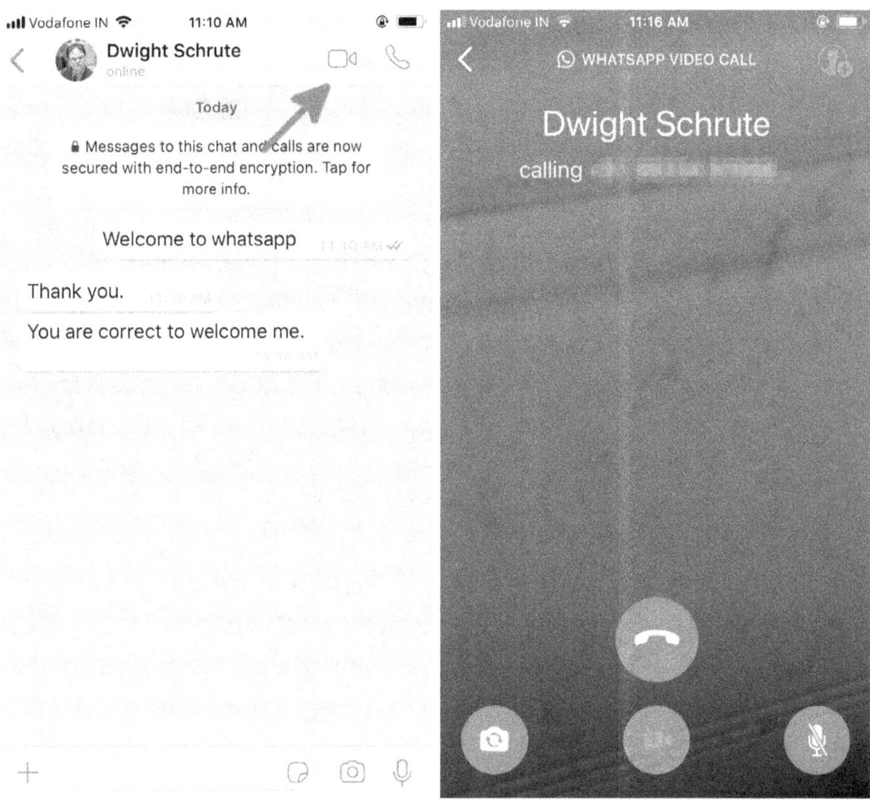

Android:

En su teléfono Android, abra WhatsApp y navegue hasta el amigo a quien quieres llamar. Puede hacerlo de tres maneras:

1. Seleccionando su conversación de texto con ese amigo

y haciendo clic en el logotipo del teléfono en la parte superior de la pantalla. Esto iniciará una llamada de audio. Para iniciar una videollamada, debe hacer clic en el ícono de la cámara grabadora a la izquierda del ícono del teléfono.

2. Para ello, seleccione la pestaña Llamadas en la parte superior derecha de la pantalla y haga clic en el ícono con un teléfono y un símbolo '+'. Esto abrirá su lista de contactos con un logotipo de teléfono y un logotipo de grabadora de video junto a cada contacto. Para iniciar una llamada de audio, seleccione el logotipo del teléfono y para iniciar una videollamada, haga clic en el logotipo de la grabadora de video.

3. Al hacer clic en la imagen de visualización de su amigo en la pestaña Chat, que le brinda opciones para seleccionar el botón del teléfono para iniciar una llamada de audio y el botón de la cámara de video para iniciar una videollamada.

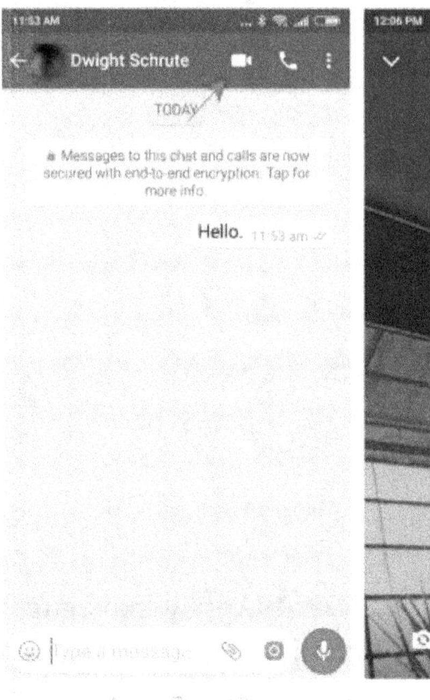

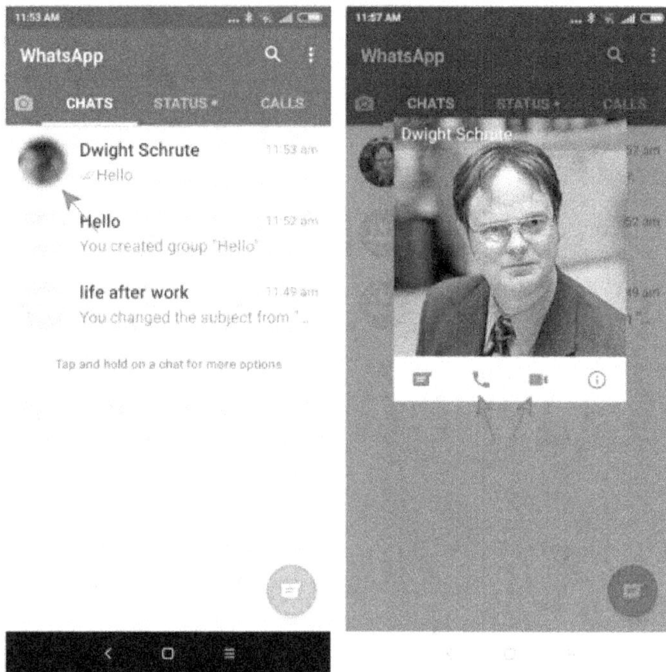

Felicitaciones, ha llamado con éxito a su amigo. Ahora basado en cuán feliz o enojado está tu amigo contigo en el momento en que se realizará la llamada.

RECIBIR UNA LLAMADA DE AUDIO O UNA VIDEOLLAMADA

iPhone:

En su iPhone hay algunas cosas que puede hacer mientras recibe una llamada. Cuando recibe una llamada, hay cuatro botones en los que puede hacer clic: Recordarme, Enviar mensaje, Aceptar y Rechazar.

Para aceptar una llamada entrante de WhatsApp, debe hacer clic en el botón verde sobre Aceptar. De manera similar, para rechazar una llamada, debe presionar el botón rojo.

Si está ocupado y no puede atender la llamada en ese momento, puede seleccionar la opción Mensaje. Esto le permite rechazar la llamada entrante y enviar un mensaje predefinido o un mensaje personalizado de su elección a su amigo informándole que está ocupado en este momento y no puede hablar en este momento.

Android:

En tu teléfono Android puedes recibir una llamada deslizando hacia arriba el botón verde de aceptar en el centro de la pantalla. Puede rechazar la llamada deslizando el dedo hacia arriba en el botón rojo de rechazar a la izquierda de la pantalla. Si está ocupado y desea enviarle a su amigo un mensaje rápido indicándole lo mismo, puede deslizar el botón de mensaje a la derecha de la pantalla.

VOLVER A MENSAJES

Estoy hablando con un amigo y quiero volver a mis mensajes de WhatsApp. ¿Puedo hacer eso mientras sigo hablando con mi amigo en la llamada de WhatsApp?

¡Mi amigo multitarea, por supuesto que puedes! Mientras habla con su amigo, hay un botón de 'Mensaje' en el que puede hacer clic para saltar a la ventana de chat mientras habla con su amigo. Puede volver a la pestaña Chat y comenzar a enviar mensajes a cualquiera de sus amigos mientras continúa su conversación actual.

iPhone:

en su iPhone, simplemente haga clic en la flecha en la parte superior izquierda de la pantalla mientras está en su llamada de WhatsApp para volver a la pantalla de chat.

Android:

En su teléfono Android, simplemente, presione el botón Atrás mientras está en una llamada de WhatsApp para volver a sus mensajes. Puede presionar la barra verde en la parte superior para volver a la llamada de WhatsApp cuando sea necesario. Hay una pestaña verde en la parte superior de la pantalla si desea volver al menú de llamadas de WhatsApp.

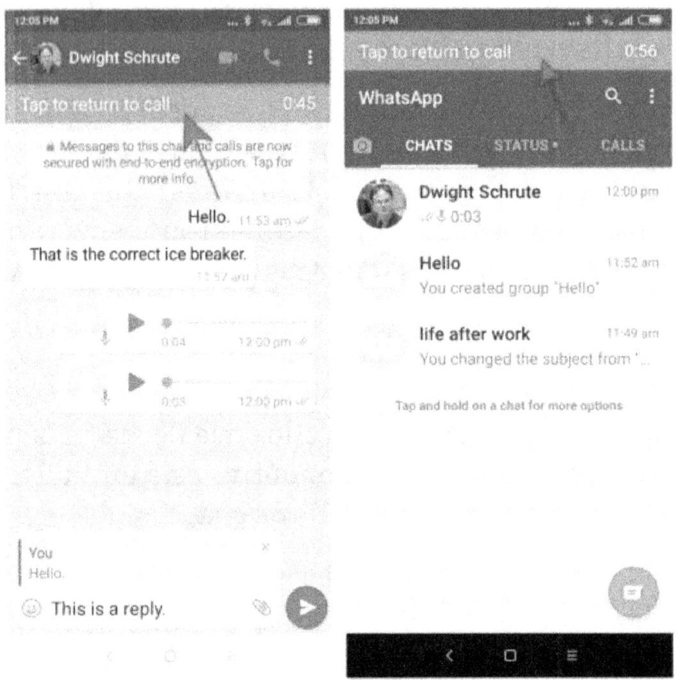

CAMBIAR ENTRE UNA LLAMADA DE AUDIO Y UNA LLAMADA DE VIDEO SUCEDE

¿Qué si estoy en una llamada de audio con mi amigo y quiero ver su hermoso rostro a través de una llamada de video? ¿Necesito finalizar la llamada y la videollamada de nuevo o hay alguna otra forma?

No es necesario que finalice la llamada. WhatsApp proporciona un botón de videollamada en la pantalla de llamadas que le permite cambiar sin problemas entre audio y videollamada. Esto está disponible tanto en teléfonos Android como en iPhones.

Junto con esto, también puede silenciar la llamada y finalizar la llamada desde la misma pantalla.

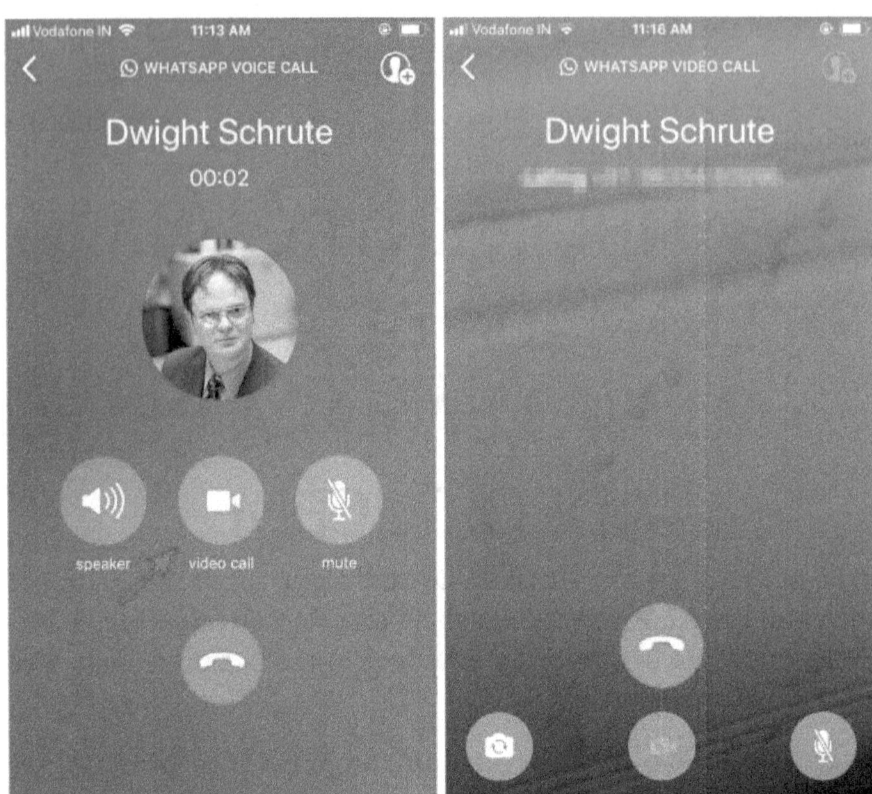
Vodafone IN   11:13 AM
WHATSAPP VOICE CALL
Dwight Schrute
00:02
speaker   video call   mute
Vodafone IN   11:16 AM
WHATSAPP VIDEO CALL
Dwight Schrute

LLAMADAS GRUPALES

Ahora, si se pregunta si puede hablar con más de 1 amigo suyo a la vez, ¡definitivamente puede hacerlo!

De hecho, puede realizar una llamada de audio o una videollamada con hasta 4 amigos al mismo tiempo. Así es como lo haces. Inicia una llamada de audio o una videollamada con un amigo suyo como se describió anteriormente. Desde aquí, cualquiera de ustedes puede agregar amigos a la llamada haciendo clic en el botón de llamada de conferencia (botón con una cara y botón +) y agregando al amigo que desee a su llamada grupal. La pantalla se divide en dos, tres o cuatro partes para mostrar a todos tus amigos en la llamada grupal y puedes hablar felizmente con todos tus amigos sentados en cualquier parte del mundo.

12:04 PM
WHATSAPP VOICE CALL
Dwight Schrute
0:09
12:27 PM
WHATSAPP GROUP VOICE CALL
Dwight , Jim
0:29

MODO DE DATOS BAJOS:

Tengo datos limitados en mi plan y no tengo la conexión a Internet más rápida en todas partes. ¿Seguirán funcionando las llamadas de WhatsApp?

Sí, las llamadas de WhatsApp funcionan bien en conexiones de datos lentas. Las llamadas de WhatsApp funcionan bien incluso en conexiones 2G. De hecho, existe una opción para que uses menos datos durante tu llamada de WhatsApp. En la configuración de Uso de datos y almacenamiento, puede seleccionar la opción Uso de datos bajos, que reduce el uso de datos cuando no está conectado a Wi-Fi

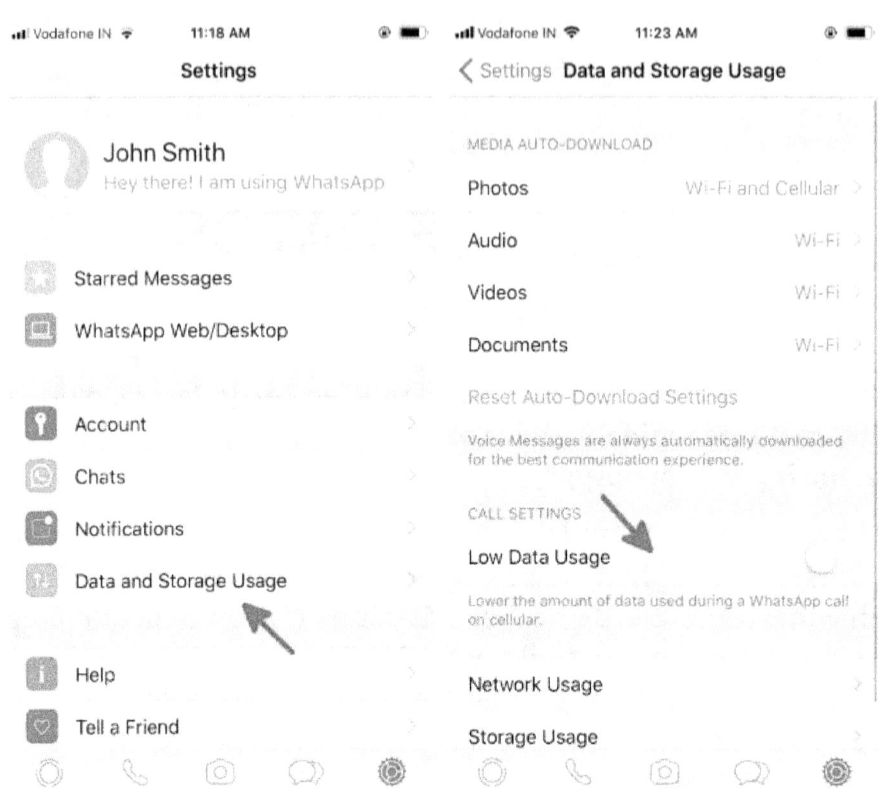

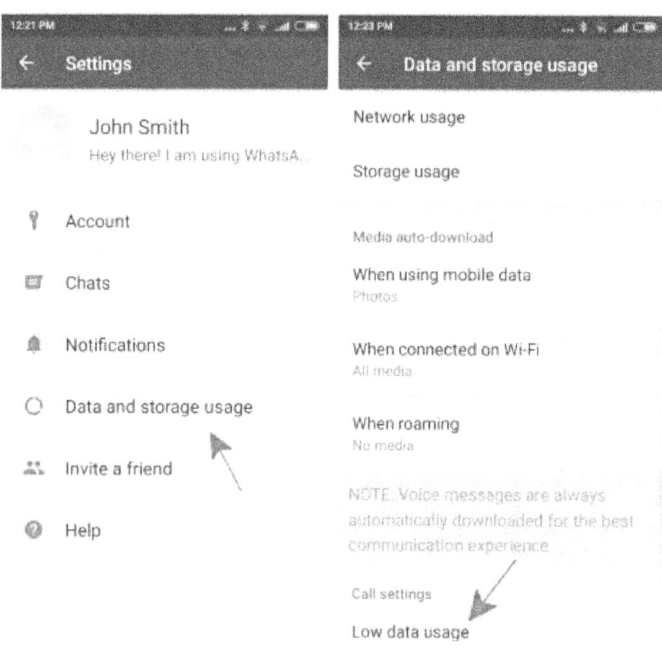
Settings
John Smith
Hey there! I am using WhatsA...
Account
Chats
Notifications
Data and storage usage
Invite a friend
Help
Data and storage usage
Network usage
Storage usage
Media auto-download
When using mobile data
Photos
When connected on Wi-Fi
All media
When roaming
No media
NOTE: Voice messages are always automatically downloaded for the best communication experience.
Call settings
Low data usage

REGISTRO DE LLAMADAS PERDIDAS

¿Dónde puedo ver mis llamadas perdidas, recibidas y realizadas por mí?

En su iPhone, seleccione la pestaña Llamadas en la parte inferior de la pantalla. En un teléfono Android, esta pestaña se encuentra en la parte superior de la pantalla a la derecha de la pestaña Estado. Aquí puede ver sus llamadas perdidas indicadas por la flecha roja apuntando hacia adentro, sus llamadas recibidas indicadas por una flecha verde apuntando hacia adentro y las llamadas realizadas por una flecha verde apuntando hacia afuera

Puede hacer clic en los tres botones en la parte superior de la pantalla y seleccionar Borrar Registro para borrar todas las llamadas en esta pantalla

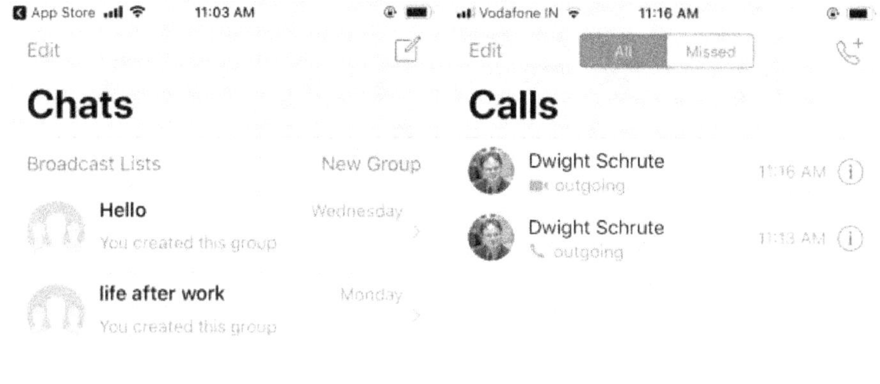
App Store 11:03 AM
Edit
Chats
Broadcast Lists
New Group
Hello
You created this group
Wednesday
life after work
You created this group
Monday
Vodafone IN 11:16 AM
Edit
All
Missed
Calls
Dwight Schrute
outgoing
11:16 AM
Dwight Schrute
outgoing
11:13 AM

Status
Calls
Camera
Chats
Settings
Status
Calls
Camera
Chats
Settings

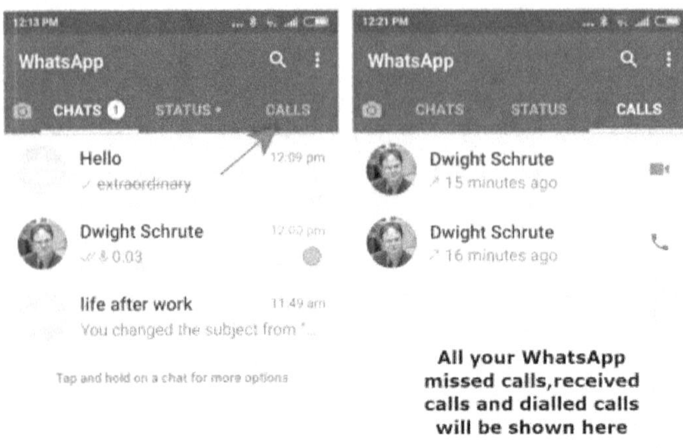

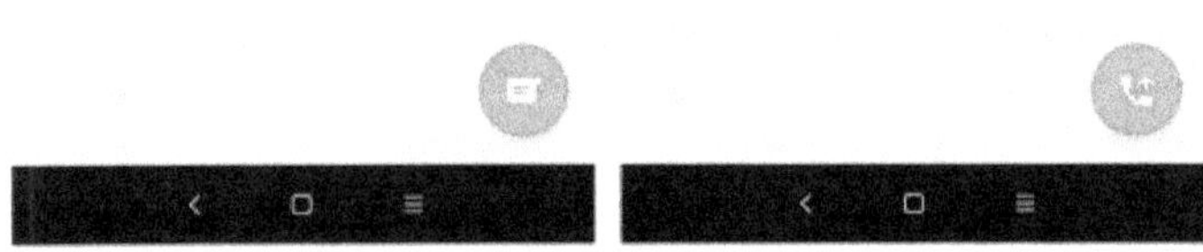

All your WhatsApp missed calls,received calls and dialled calls will be shown here

¿CUÁNTOS DATOS SE UTILIZAN CUANDO HAGO UNA LLAMADA DE WHATSAPP?

Llamada de audio de WhatsApp de 5 min (2 participantes): 1.4 MB

Llamada de audio de WhatsApp de 5 min (3 participantes): 1.5 MB

Llamada de audio de WhatsApp de 5 min (4 participantes): 3.1 MB

Videollamada de WhatsApp de 5 min (2 participantes): 25 MB
5 min Videollamada de WhatsApp (3 participantes): 30 MB
5 min Videollamada de WhatsApp (4 participantes): 31 MB

Bajo uso de datos habilitados:

5 min Llamada de audio de WhatsApp (2 participantes): 1.0 MB
5 min Llamada de audio de WhatsApp (3 participantes): 1.3 MB
5 min Videollamada de WhatsApp (4 participantes): 2,6 MB

5 min Videollamada de WhatsApp (2 participantes): 23 MB
5 min Videollamada de WhatsApp (3 participantes): 25 MB
5 min Videollamada de WhatsApp (4 participantes): 28 MB

* Utilice los datos anteriores como datos aproximados que se

utilizarán al hacer un llamada de llamada de WhatsApp.

TONO DE CAMBIO DE

¿Hay alguna manera de cambiar mi tono de llamada para las llamadas de WhatsApp?

En su teléfono Android para cambiar el tono de llamada de sus llamadas de WhatsApp, debe dirigirse al menú de configuración en WhatsApp. En el menú de configuración, seleccione "Notificaciones". Desplácese hacia abajo hasta Tono de llamada y selecciónelo para elegir de una lista de tonos de llamada. Puede obtener una vista previa del tono de llamada cuando hace clic en el tono de llamada.

Junto con esto, también puede cambiar la configuración de vibración cuando recibe una llamada de WhatsApp. Puede mantener la vibración predeterminada, desactivada, corta o larga según su elección.

TONOS DE LLAMADA DE CHAT PERSONALIZADOS

¿Sabía que puede seleccionar diferentes tonos de llamada de WhatsApp para diferentes contactos?

WhatsApp le permite tener notificaciones personalizadas para cada contacto, lo que le permite saber si su mejor amigo lo está llamando a usted oa su jefe con solo el sonido del tono de llamada.

iPhone:

en su iPhone, haga clic en la pestaña "Contactos" y seleccione el contacto para el que desea notificaciones personalizadas. Seleccione la opción "Notificaciones personalizadas" y seleccione el tono de llamada que le gustaría establecer para ese contacto.

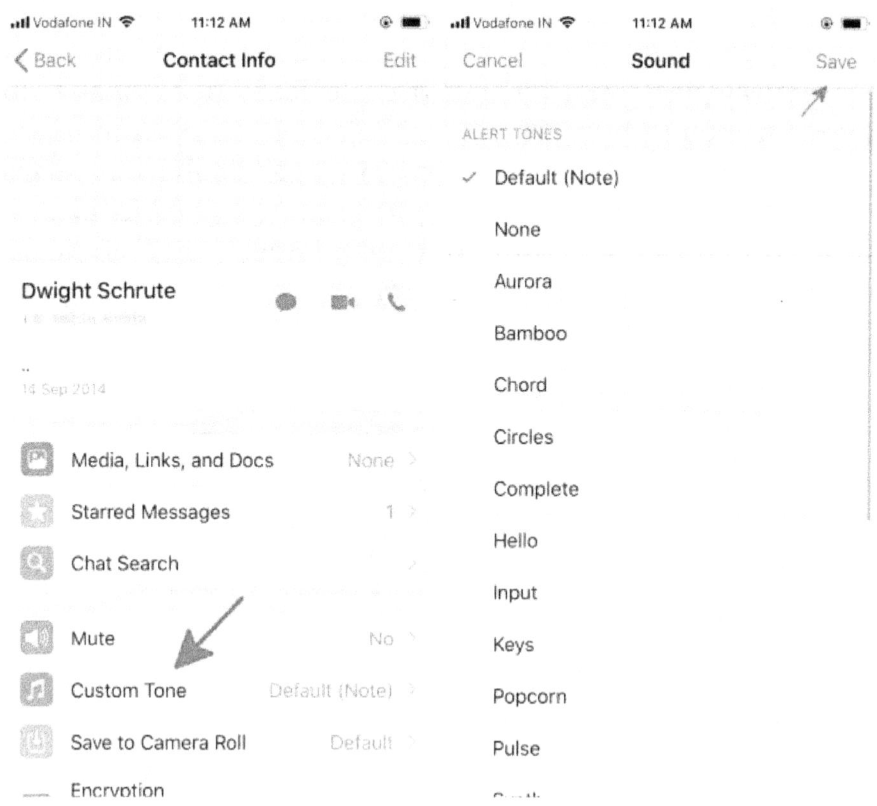
Vodafone IN
11:12 AM
Back
Contact Info
Edit
Dwight Schrute
14 Sep 2014
Media, Links, and Docs   None
Starred Messages   1
Chat Search
Mute   No
Custom Tone   Default (Note)
Save to Camera Roll   Default
Encryption
Vodafone IN
11:12 AM
Cancel
Sound
Save
ALERT TONES
Default (Note)
None
Aurora
Bamboo
Chord
Circles
Complete
Hello
Input
Keys
Popcorn
Pulse

Android:

en su teléfono Android, para hacer esto, debe seleccionar el contacto al que desea asignar un tono de llamada personalizado desde su menú Chat. En el chat, haga clic en el nombre de su contacto y seleccione "Notificaciones personalizadas". Haga clic en la casilla junto a "usar notificaciones personalizadas" para habilitar esta función. Ahora puede seleccionar la configuración de tono de llamada y vibración para este contacto específico.

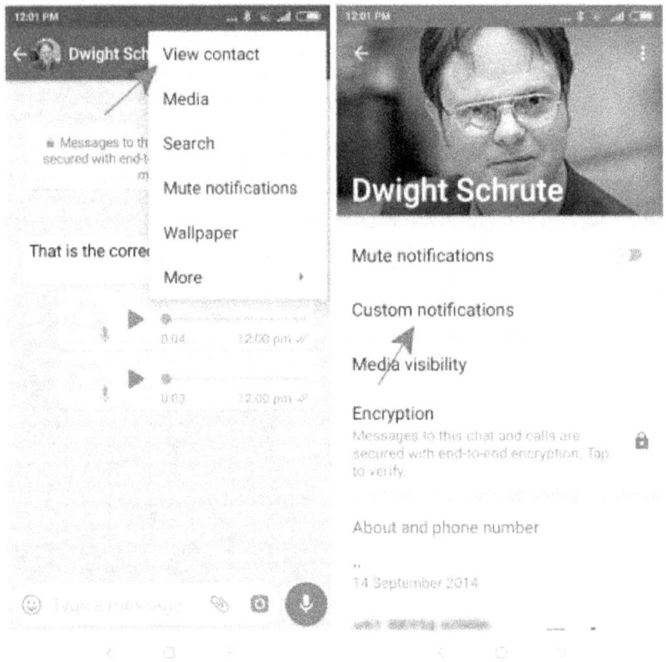

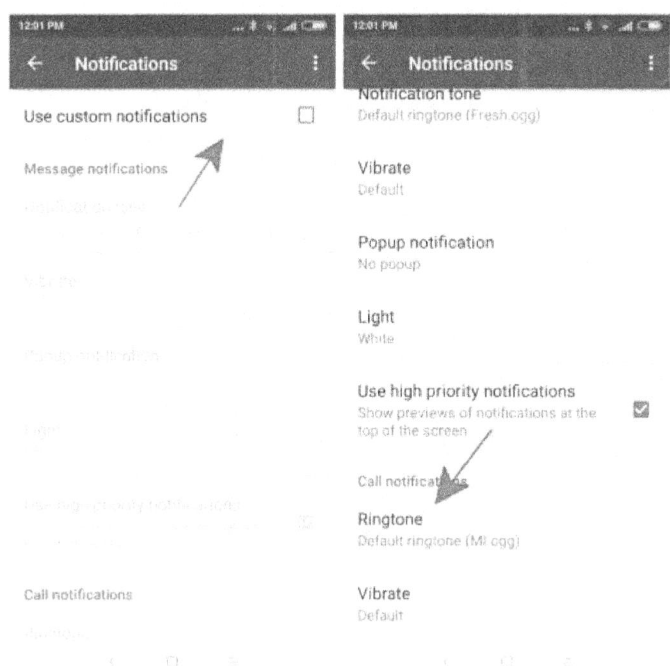

ACTUALIZACIÓN DE ESTADO DE WHATSAPP EL ESTADO DE

WhatsApp comenzó como una oración que todos sus contactos podían ver a través de la cual podía compartir su estado de ánimo o estado de ánimo actual. Ha crecido mucho más que eso ahora. Ahora puede usar imágenes, videos e incluso GIF para compartir los acontecimientos de su día. La actualización de estado desaparece 24 hrs. desde el momento de la publicación. La actualización de estado de WhatsApp es efectivamente historias de Instagram para WhatsApp.

¿CÓMO CONFIGURO MI ESTADO DE WHATSAPP?

iPhone:

En un iPhone, puede acceder a la pantalla de actualización de estado haciendo clic en el botón de estado en la parte inferior izquierda. Puede hacer clic en Mi estado o en el logotipo de la cámara a la derecha para agregar una imagen, video o GIF como actualización de su estado.

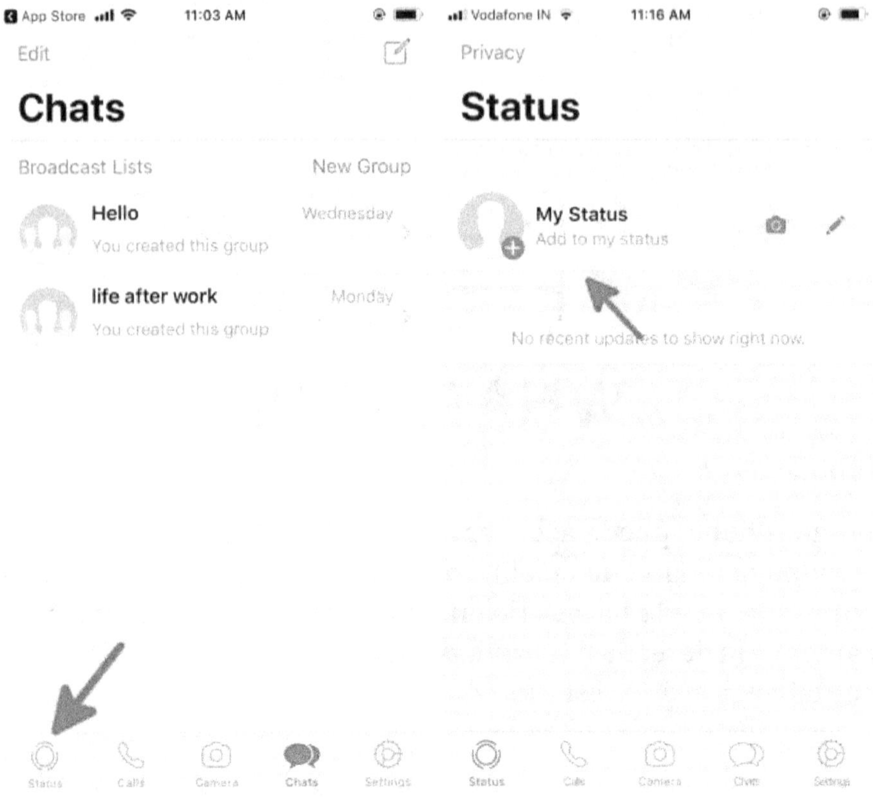

Puede hacer clic en una nueva imagen o video o puede seleccionar una imagen o video de la galería de su teléfono. Puede editar la imagen / video, agregar emojis, escribir texto e incluso garabatear en él. También puede utilizar el cuadro "agregar título" para agregar un título a la actualización de estado.

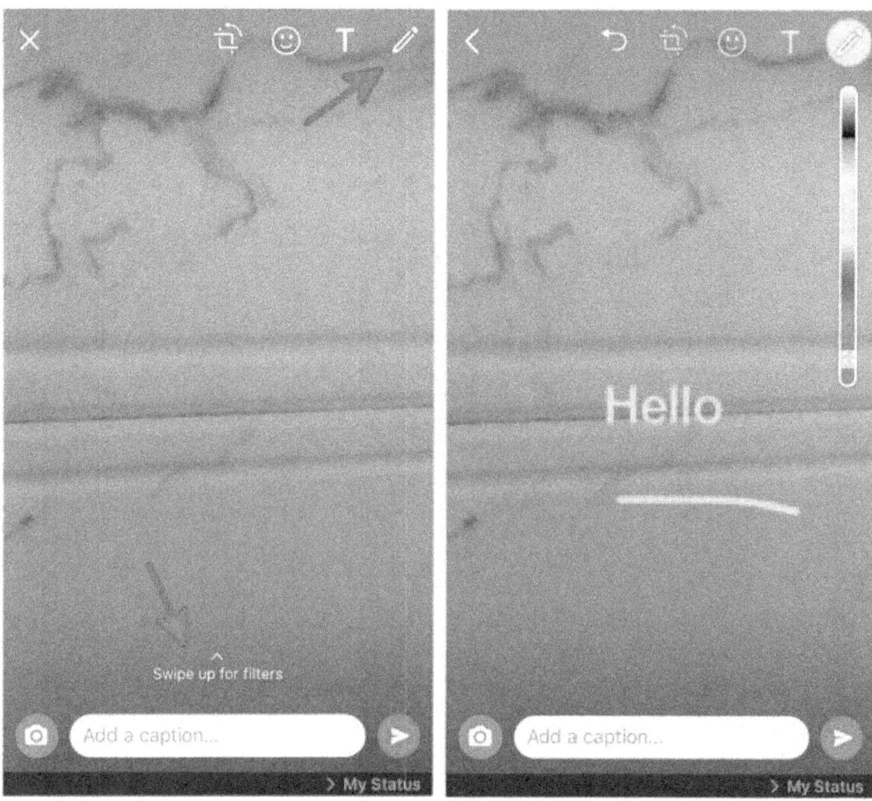

Puede agregar filtros a su foto deslizando hacia arriba en la pantalla. Para los videos, puede convertir el video en un GIF haciendo clic en el botón GIF en la parte superior de la pantalla de edición.

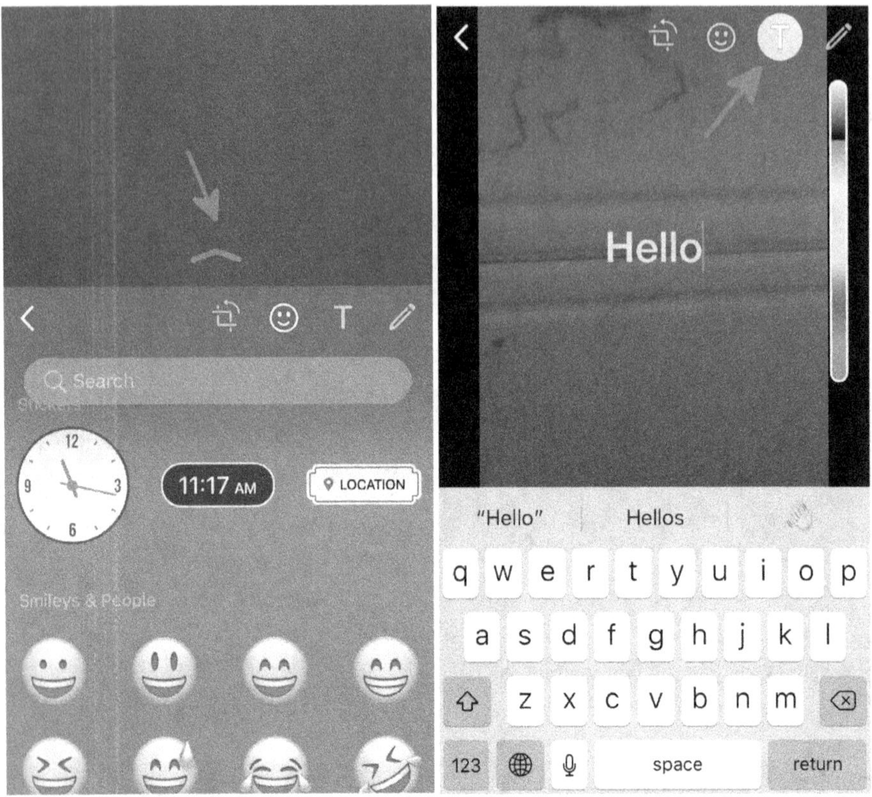

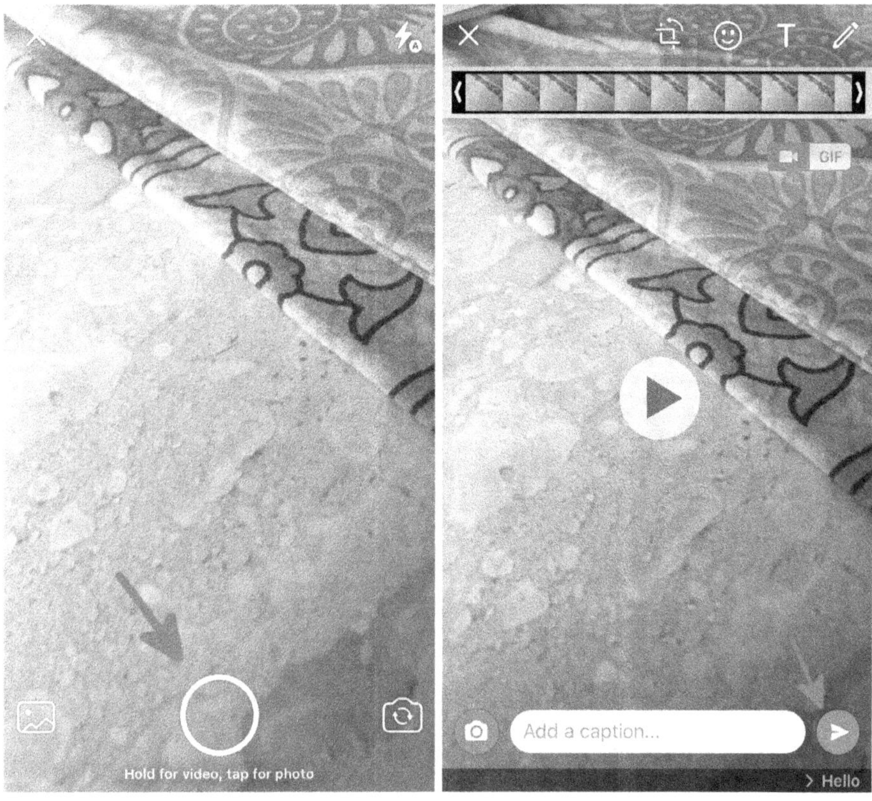
Hold for video, tap for photo
Add a caption...
GIF
Hello

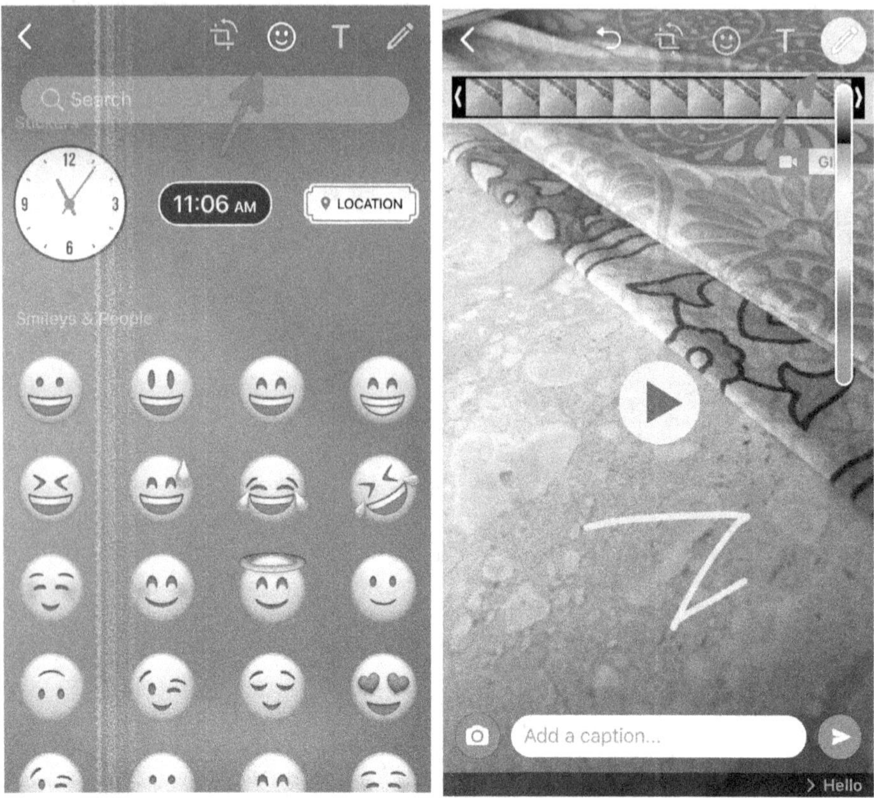

Para agregar solo texto a su actualización de estado, puede seleccionar el botón de lápiz a la derecha del botón Mi estado. Puede cambiar la fuente del texto, puede cambiar el fondo del texto y también puede agregar emojis a la actualización del estado del texto.

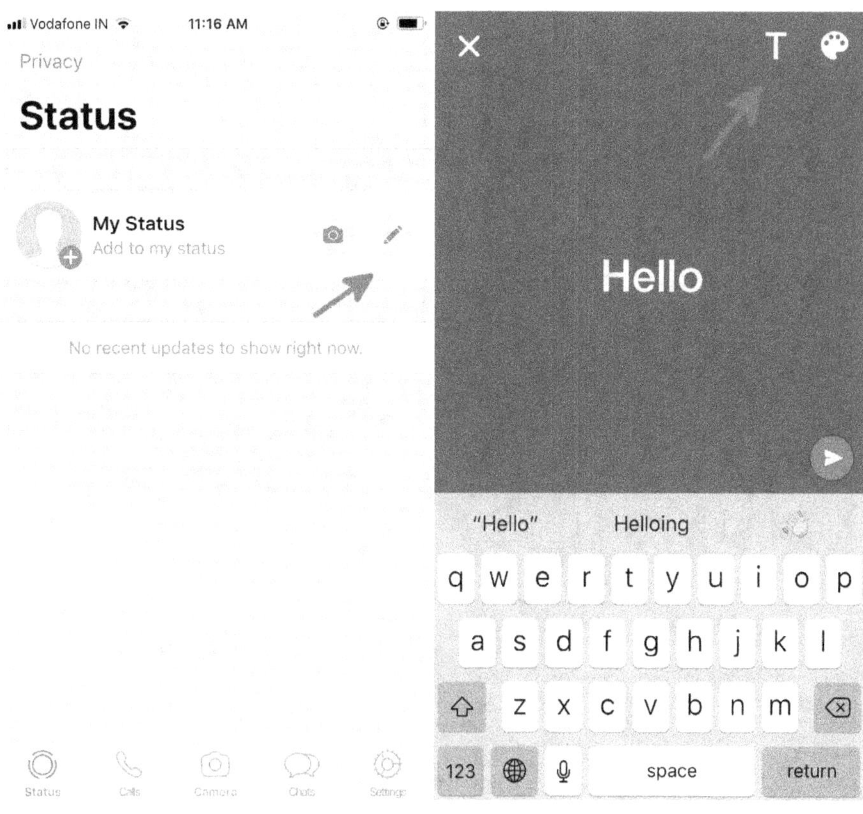
Vodafone IN   11:16 AM
Privacy
Status
My Status
Add to my status
No recent updates to show right now.
Status   Calls   Camera   Chats   Settings
Hello
"Hello"   Helloing
q w e r t y u i o p
a s d f g h j k l
z x c v b n m
123   space   return

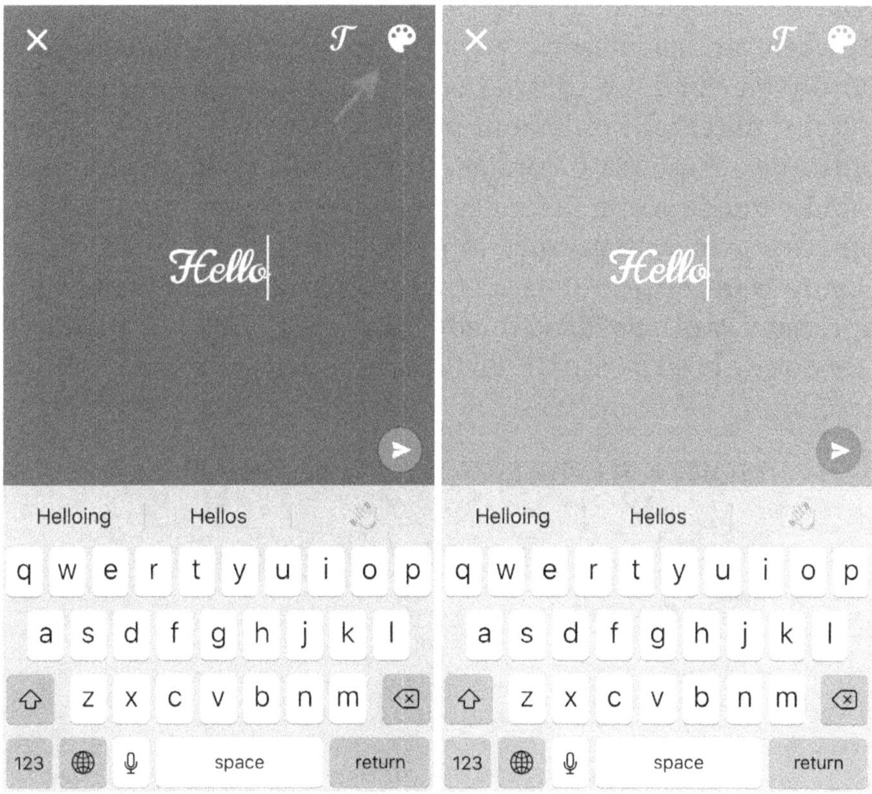

Android:

En su teléfono inteligente Android, haga clic en la pestaña Estado junto a la pestaña Chat hacia la parte superior de la pantalla. Desde esta pantalla hay un par de formas en las que puede actualizar su estado de WhatsApp.

Para agregar una imagen o video como su estado, puede tocar el botón "Mi estado" o tocar el botón de la cámara en la esquina inferior derecha. Desde aquí puede seleccionar una imagen o video de su galería y configurarlo como su actualización de estado. Puede editar la imagen / video, agregar emojis, escribir texto e incluso garabatear en él. También puede utilizar el cuadro "agregar título" para agregar un título a la actualización de estado. Para los videos, puede convertir el video en un GIF haciendo clic en el botón GIF en la parte superior de la pantalla de edición.

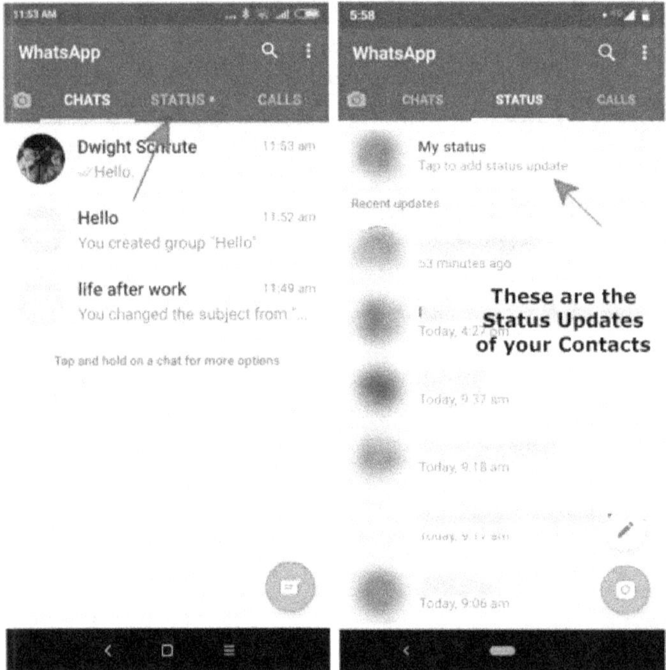

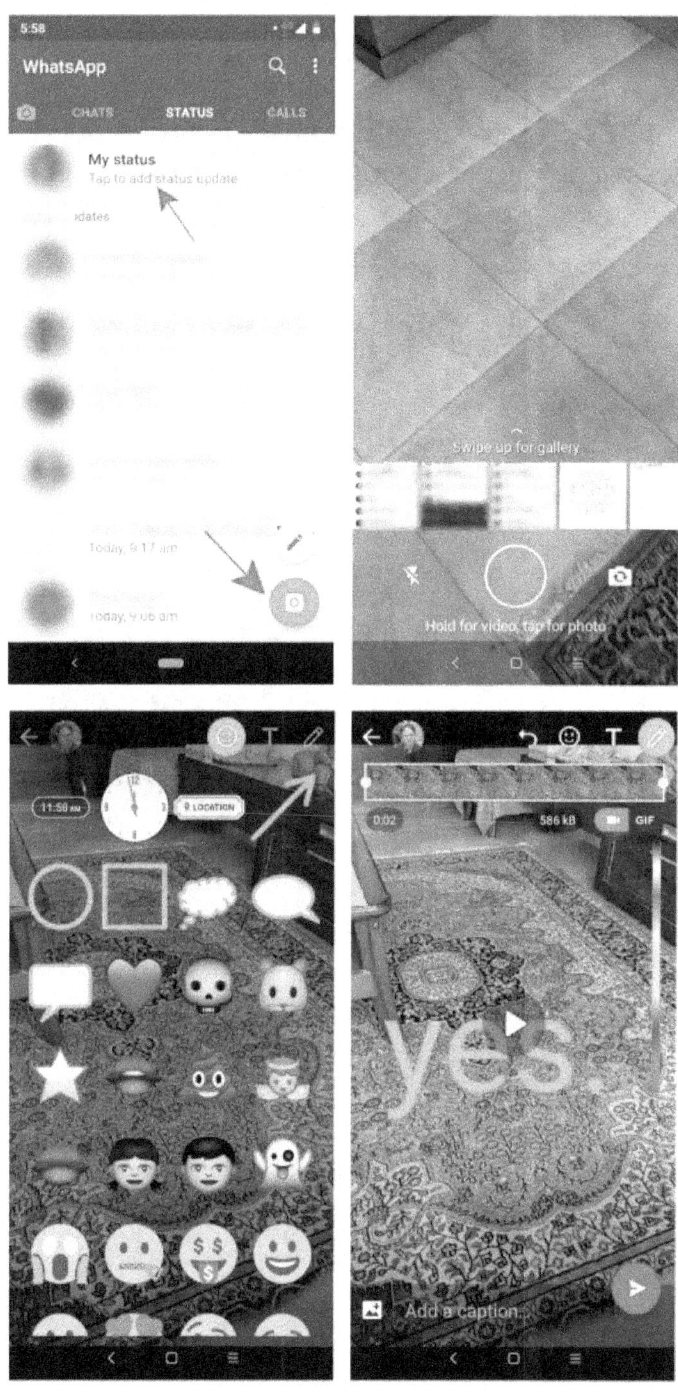
WhatsApp
CHATS
STATUS
CALLS
My status
Tap to add status update
Swipe up for gallery
Hold for video, tap for photo
LOCATION
Add a caption
yes

Para agregar solo texto a su actualización de estado, puede seleccionar el botón de lápiz en la parte inferior derecha de la pantalla de Estado. Puede cambiar la fuente del texto, puede cambiar el fondo del texto y también puede agregar emojis a la actualización del estado del texto.

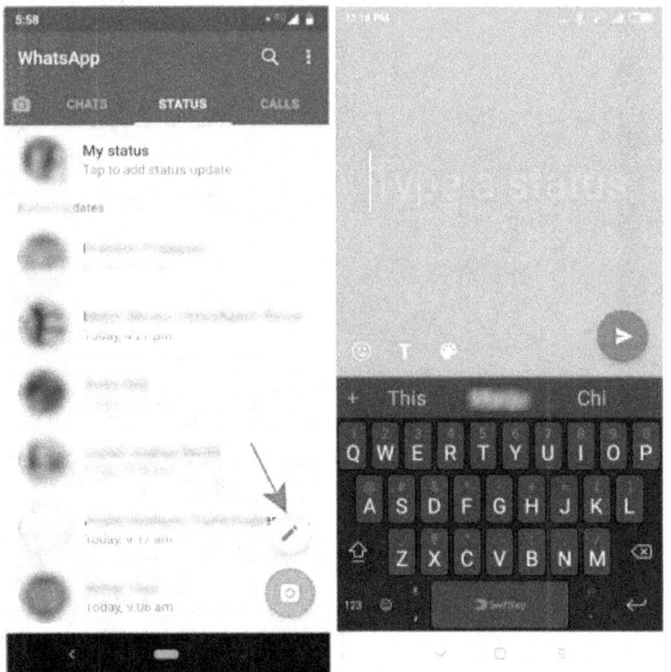

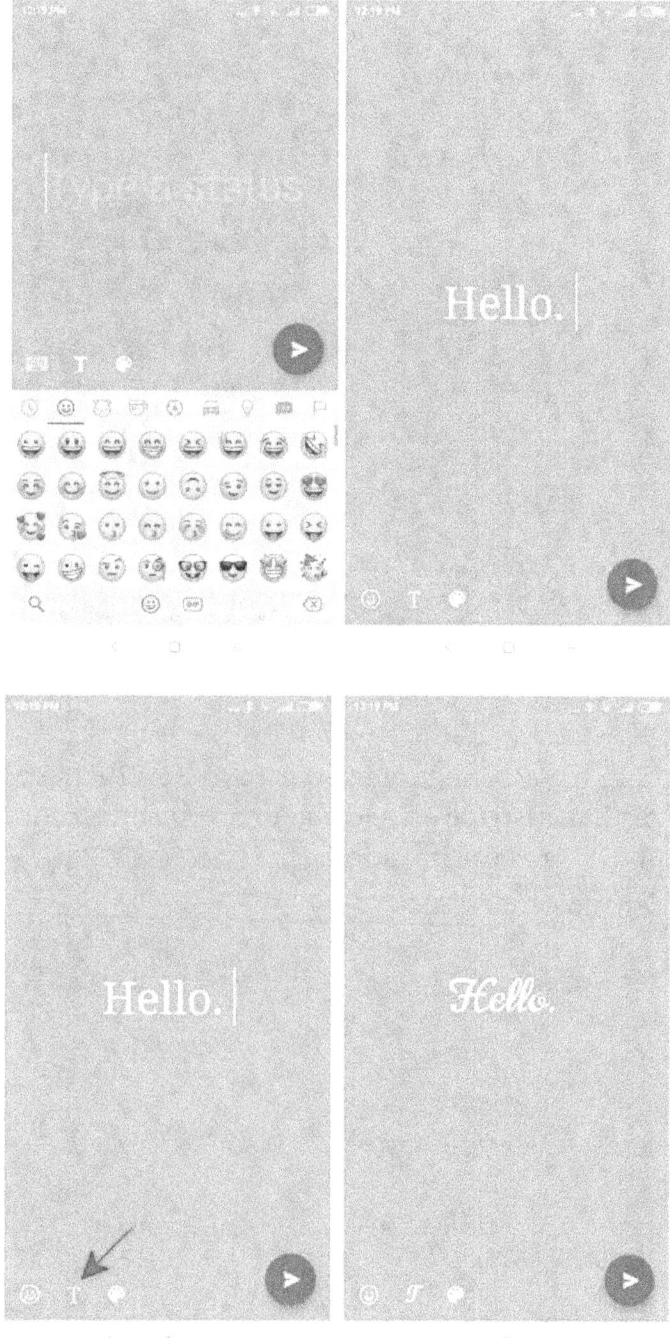

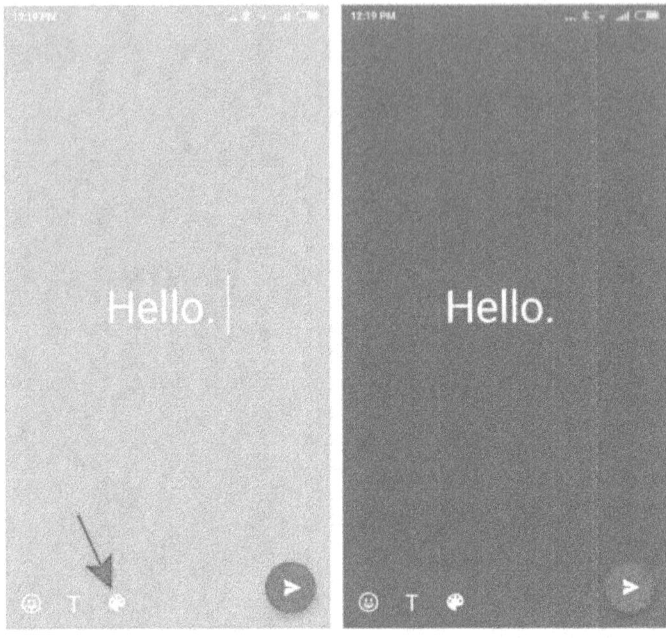

Una vez que haya configurado su estado de WhatsApp, puede ver quiénes han visto su estado haciendo clic en el icono del ojo como se muestra a continuación.

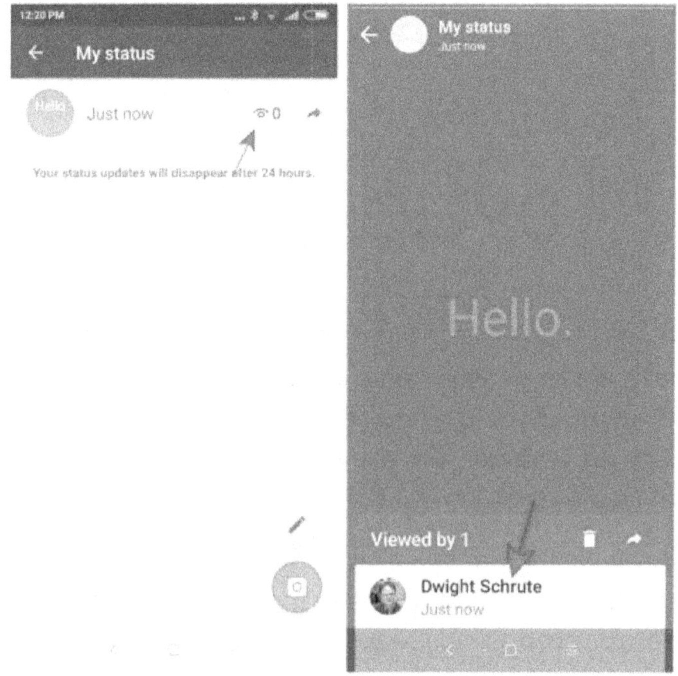

¡Ahora todo lo que te queda es sacar a relucir tu Picasso interior y poner en práctica tu creatividad interior!

OPCIONES DE PRIVACIDAD

¿Mi actualización de estado se comparte con TODOS mis contactos? ‼ ¡¡No quiero que mi jefa / tía entrometida / extraña compañera de trabajo vea mi estado ‼ ¿Hay algo que pueda hacer?

Sí, su estado se comparte con todos sus contactos de forma predeterminada, pero no se preocupe, podemos cambiarlo si lo desea. Veamos cómo se hace para que su jefe no sepa lo que está haciendo en sus días de 'enfermedad'

WhatsApp tiene tres opciones de privacidad para actualizaciones de estado:

1. Puede compartir su estado con todos sus contactos
2. Puede compartir su estado con todos sus contactos excepto unos pocos contactos seleccionados
3. Puede compartir su estado sólo con los contactos que seleccione

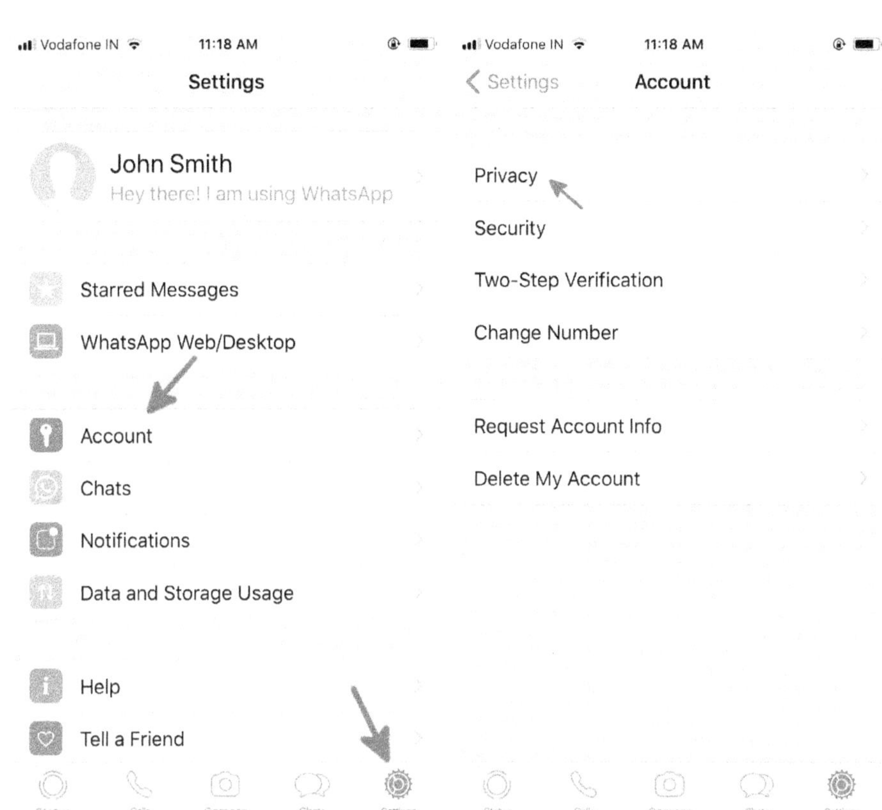
Vodafone IN 11:18 AM
Settings
John Smith
Hey there! I am using WhatsApp
Starred Messages
WhatsApp Web/Desktop
Account
Chats
Notifications
Data and Storage Usage
Help
Tell a Friend
Status Calls Camera Chats Settings
Vodafone IN 11:18 AM
Settings Account
Privacy
Security
Two-Step Verification
Change Number
Request Account Info
Delete My Account
Status Calls Camera Chats Settings

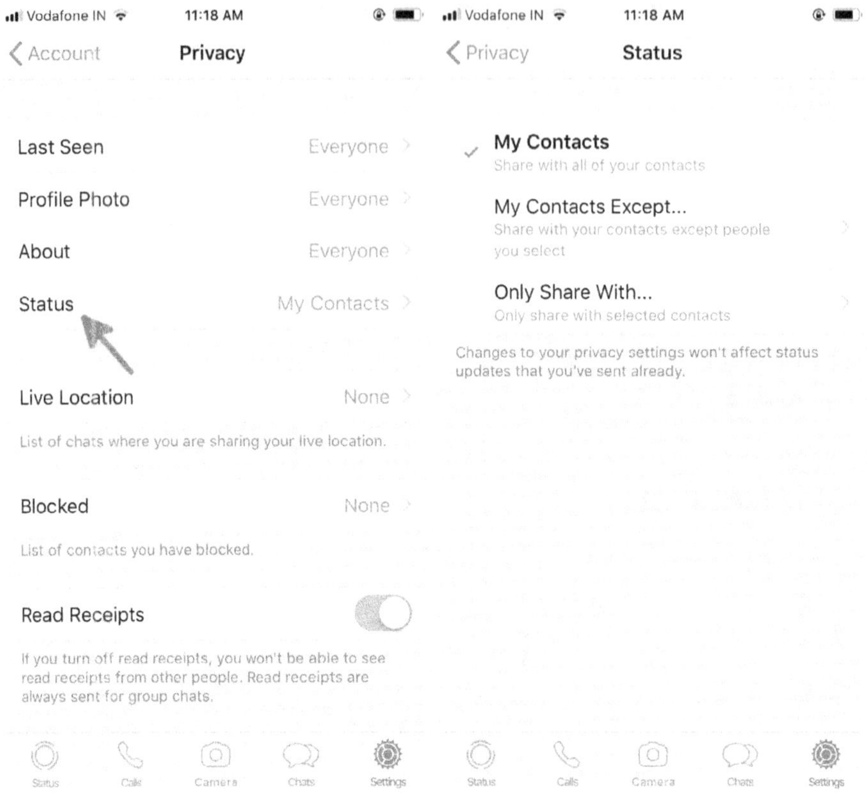

Haga clic en Mis contactos excepto y seleccione todos los contactos con los que no desea compartir su estado. Haga clic en Solo compartir con y seleccione todos los contactos con los que desea compartir su estado.

iPhone:

para cambiar la privacidad de la actualización de estado en su iPhone, haga clic en el icono de configuración en la parte inferior derecha de la pantalla. En la pantalla de configuración, seleccione la opción "Cuenta" y la opción "Privacidad" de la pantalla "Cuenta". Aquí haga clic en "Estado" para acceder a las opciones de privacidad de actualización de estado.

Android:

Para cambiar la privacidad de la actualización de estado en su teléfono inteligente Android, debe ir a la pantalla Estado y hacer clic en el botón de 3 puntos en la parte superior derecha y seleccionar la opción Privacidad de estado.

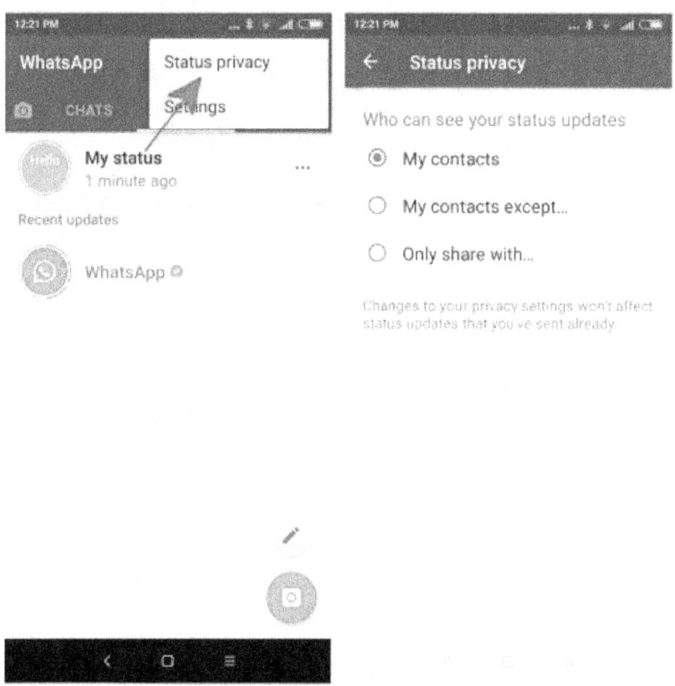

ACTUALIZACIONES DE ESTADO DE SILENCIO

¡Uf! Mi jefe no puede ver mis actualizaciones de estado. Ahora bien, ¿hay alguna manera de ignorar las actualizaciones de estado de mi jefe? ¡Creo que ya paso bastante tiempo con él / ella!

¡¡Si!! Definitivamente hay una manera de evitar que vea las actualizaciones de estado de su jefe y también es muy simple de hacer. En su teléfono Android, debe mantener presionada la actualización de estado del contacto que desea silenciar. Esto le dará la opción de silenciar su contacto. En su iPhone, debe deslizar el dedo hacia la izquierda en el contacto que desea silenciar para revelar el botón de silencio a la derecha y así no verá la actualización de estado de su jefe.

Ahora, si su jefe le pregunta si ha visto su actualización de estado, ¡prepárese con una buena excusa!

¿CÓMO VEO QUIÉNES HAN VISTO MI ESTADO DE WHATSAPP?

Bien, ahora que he seleccionado con quién se comparte todo mi estado, ¿hay alguna forma de saber quiénes han visto realmente mi estado?

Una vez que haya publicado su actualización de estado, puede ver el estado que ha publicado en la pestaña Estado. Su estado se encuentra en la parte superior de esta página. Junto a esto, puede ver el número de personas que han visto el estado y, al hacer clic en él, puede encontrar las personas que han visto su estado.

¡Puedes descubrir quién ama tus fotos de comida y hablar con ellos sobre tu mutuo amor por la comida!

WHATSAPP WEB

Su teléfono a veces puede distraer mucho. Recibes un mensaje de WhatsApp y lo siguiente que sabes es que viste 2 horas de videos de gatos en YouTube. ¡Ahora con WhatsApp Web puede chatear en WhatsApp mientras mantiene su productividad en el trabajo!

WhatsApp Web es de instalación muy sencilla. Todo lo que necesita es una computadora, una conexión a Internet y un navegador de Internet como Chrome, Firefox, Safari, Edge o Internet Explorer.

Vaya a la dirección web.whatsapp.com en el navegador de Internet de su computadora.

En su iPhone, vaya a la pestaña de configuración en la parte inferior derecha de la pantalla y haga clic en el botón Web de WhatsApp. En su teléfono inteligente Android, haga clic en el menú de 3 botones y haga clic en el botón Web de WhatsApp.

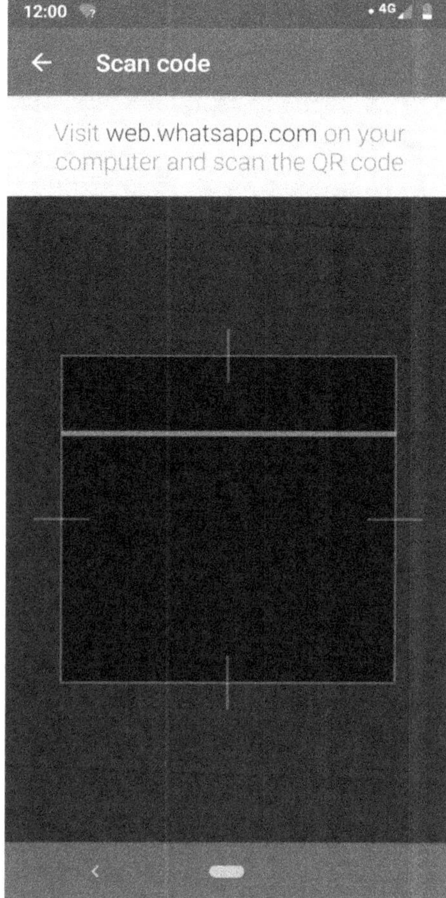

Esto lo llevará a una pantalla con la cámara activada. Para habilitar WhatsApp Web, debe escanear el código QR que se muestra en la pantalla de su computadora desde la pantalla de la cámara de su teléfono. Esto empareja el WhatsApp de su teléfono inteligente con el WhatsApp de su escritorio.

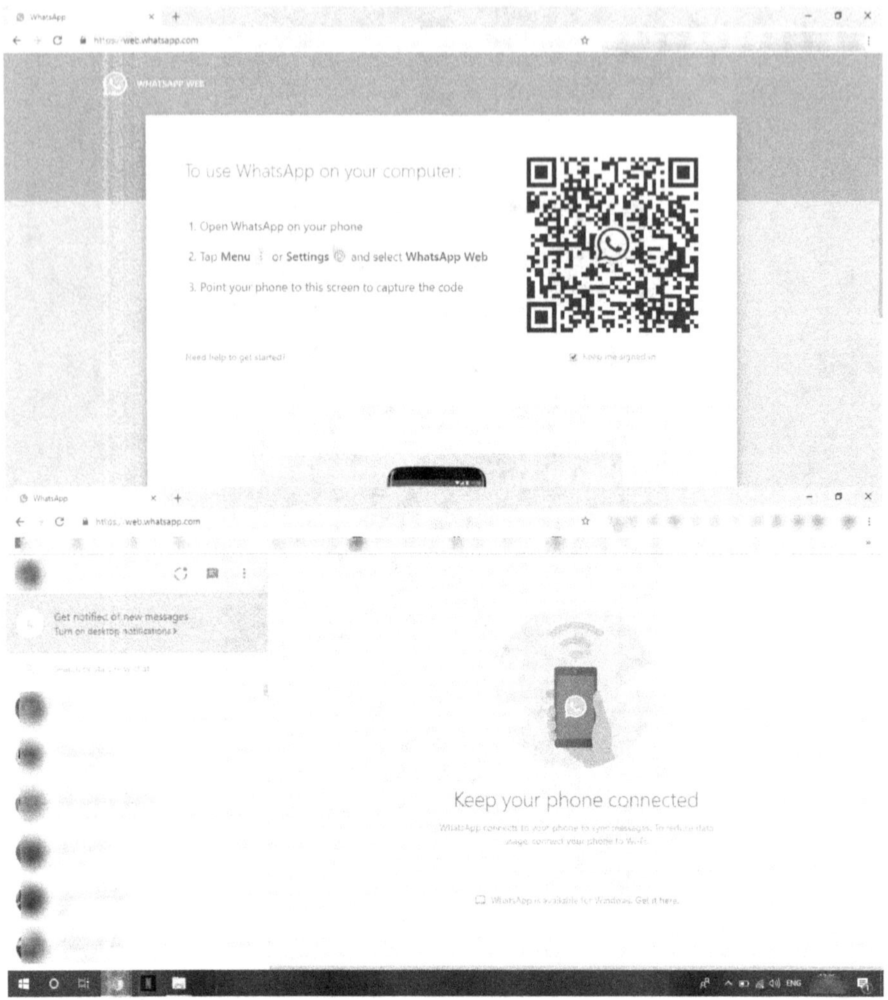

Una vez que esté emparejado, WhatsApp Web se activará y podrá chatear en WhatsApp, ver las actualizaciones de estado y compartir fotos, videos y documentos como lo haría en su teléfono. Debe asegurarse de que su teléfono tenga suficiente batería y tenga conexión a Internet para que funcione WhatsApp Web.

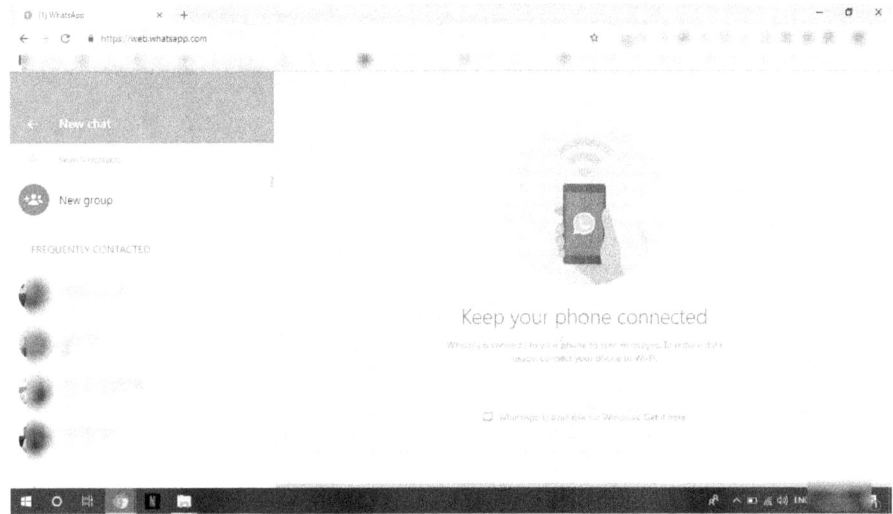
Keep your phone connected

ENVÍE FOTOS, VIDEOS, DOCUMENTOS Y CONTACTOS:

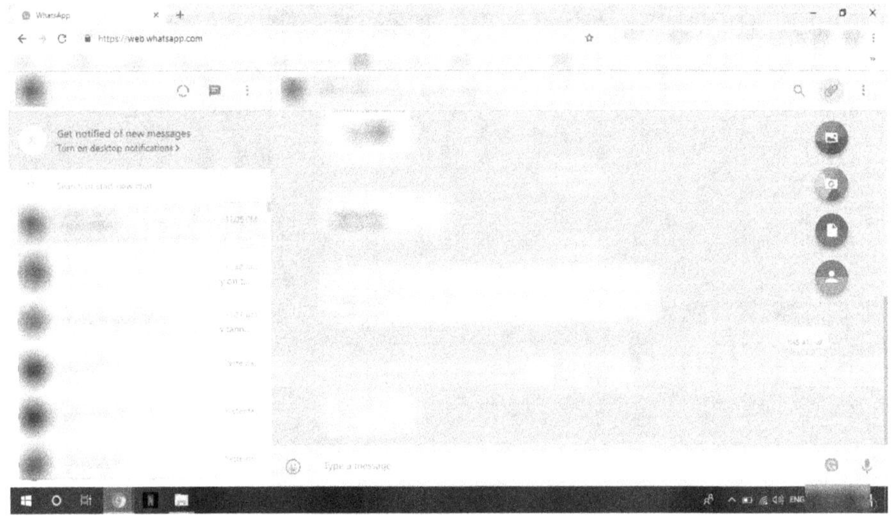

USE EMOJIS, GIF Y CALCOMANÍAS: RESPONDA, REENVÍE, DESTAQUE Y ELIMINE

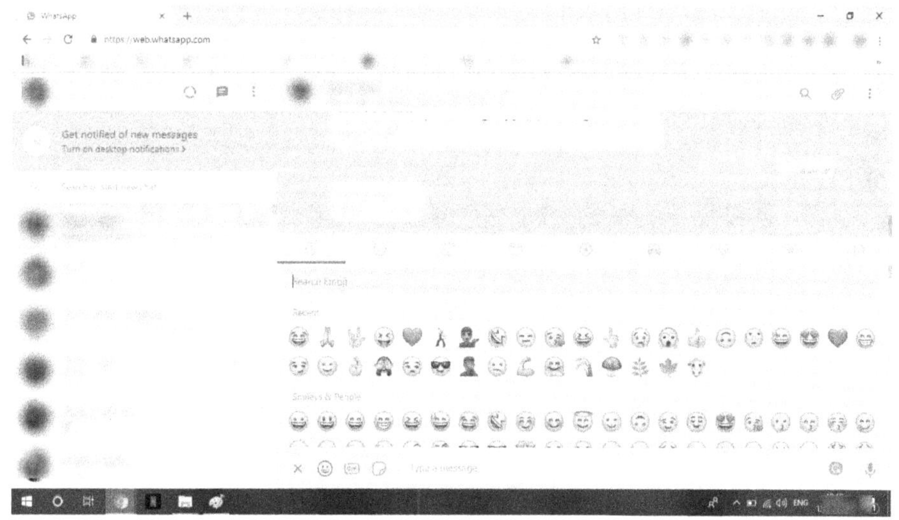

MENSAJES:

WhatsApp
https://web.whatsapp.com
Get notified of new messages
Turn on desktop notifications
YESTERDAY
TODAY
Reply
Forward message
Star message
Delete message
Message I
Type a message

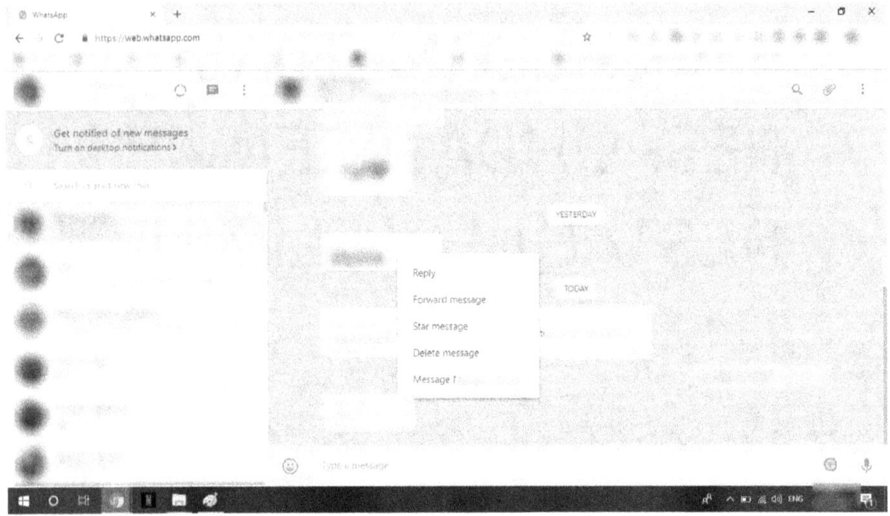

BUSQUE MENSAJES:

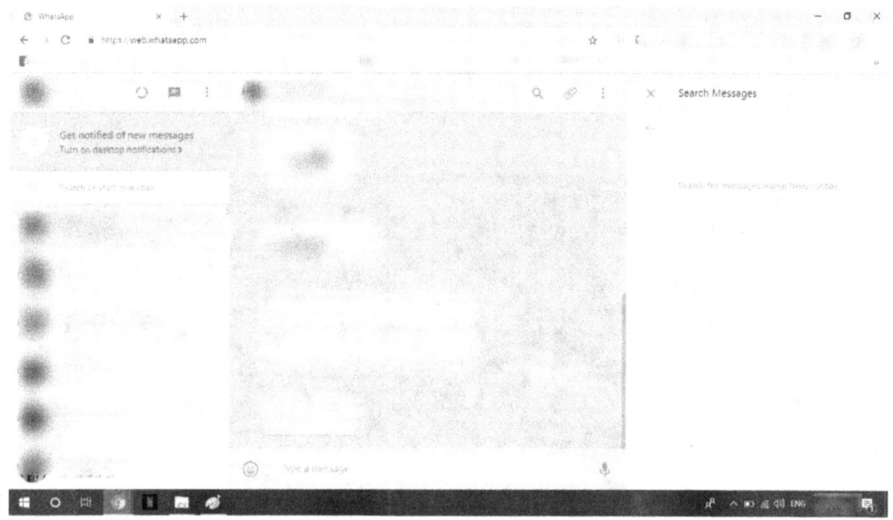

ACTUALIZACIONES DE ESTADO:

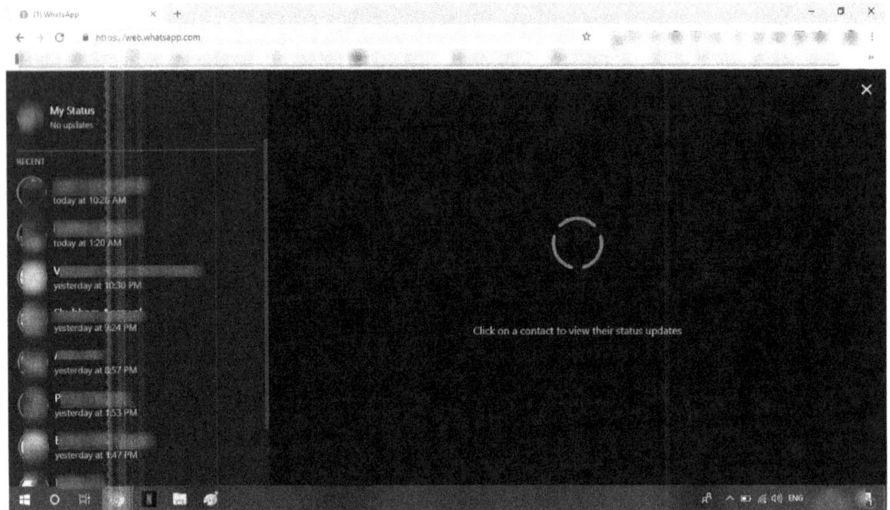

CAMBIE LA CONFIGURACIÓN DE NOTIFICACIÓN:

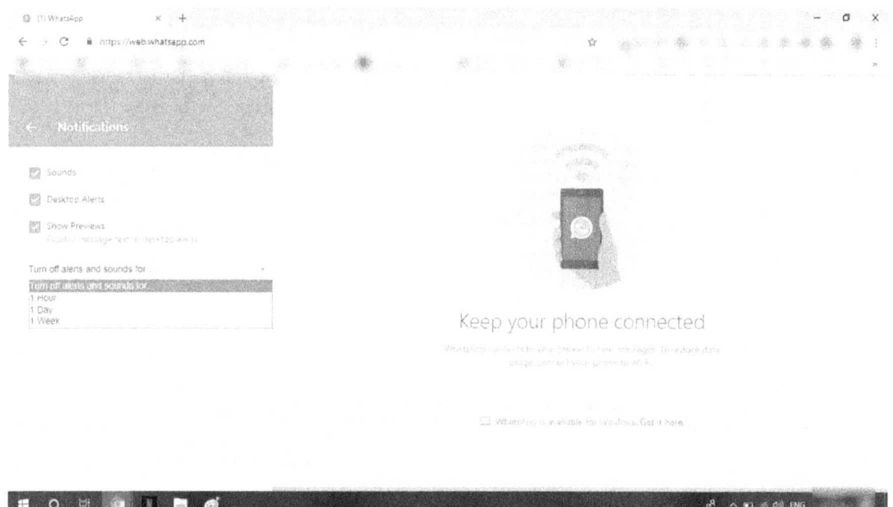

CONTACTOS BLOQUEADOS:

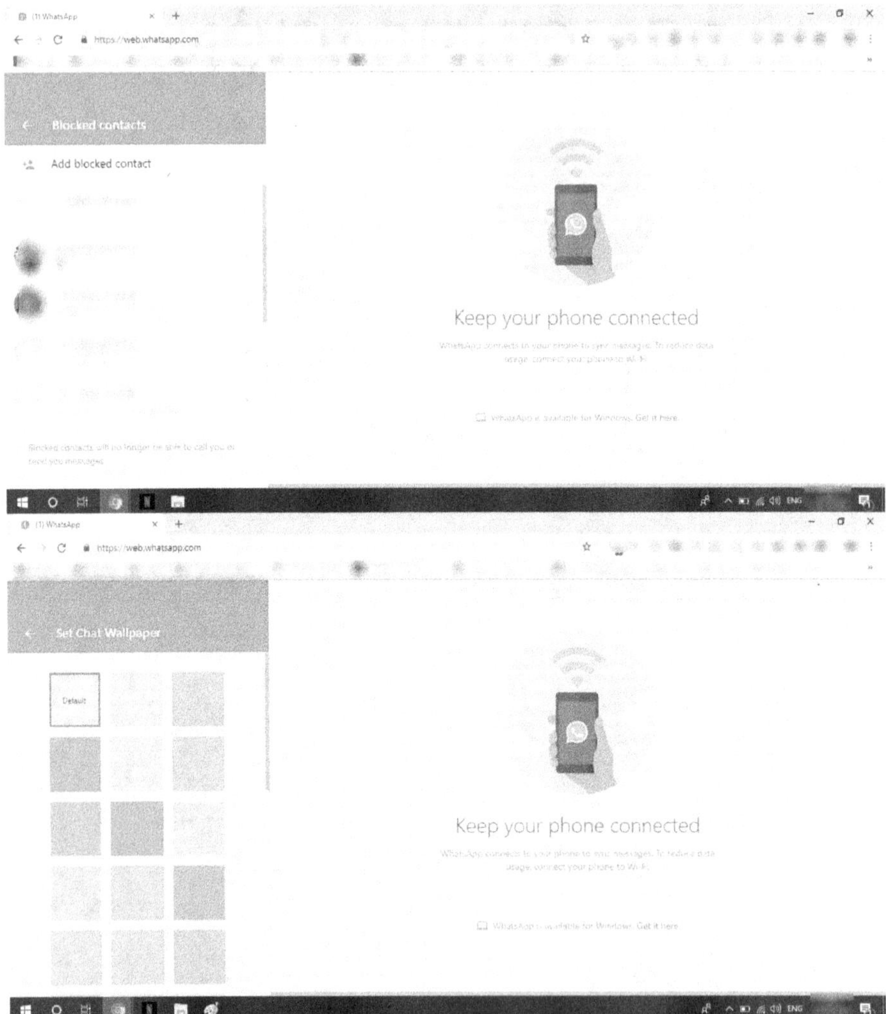

para cerrar sesión en la web de WhatsApp, debe regresar al menú Web de WhatsApp en su teléfono y seleccione el dispositivo del que desea cerrar sesión o seleccione "Cerrar sesión en todos los dispositivos"

¡¡Felicitaciones!! ¡¡Eres oficialmente un maestro de WhatsApp Messenger!! ¿No crees que eres un maestro? No se preocupe, siempre tiene este libro al que volver y aprender 😁 😁

www.ingramcontent.com/pod-product-compliance
Lightning Source LLC
Chambersburg PA
CBHW071946150726
47999CB00001B/330